ANÁLISE DE
DADOS
QUALITATIVOS

AUTORES

Uwe Flick (coord.)
Professor de Pesquisa Qualitativa na Alice Salomon University of Applied Sciences, Berlim.

Graham Gibbs
Professor de Métodos de Pesquisa na University of Huddersfield.

G442a Gibbs, Graham.
　　　　Análise de dados qualitativos / Graham Gibbs ; tradução Roberto Cataldo Costa ; consultoria, supervisão e revisão técnica desta edição Lorí Viali. – Porto Alegre : Artmed, 2009.
　　　　198 p. ; 23 cm. – (Coleção Pesquisa qualitativa / coordenada por Uwe Flick)

　　　　ISBN 978-85-363-2055-7

　　　　1. Pesquisa científica. 2. Pesquisa qualitativa – Análise de dados. I. Título. II. Série.

　　　　　　　　　　　　　　　　　　　　　　　　　　　　CDU 001.891

Catalogação na publicação: Renata de Souza Borges CRB-10/1922

COLEÇÃO PESQUISA QUALITATIVA
coordenada por **Uwe Flick**

ANÁLISE DE DADOS QUALITATIVOS

Graham Gibbs

Tradução
Roberto Cataldo Costa

Consultoria, supervisão e revisão técnica desta edição
Lorí Viali
Professor Titular da Faculdade de Matemática
na Pontifícia Universidade Católica do Rio Grande do Sul.
Professor Adjunto do Instituto de Matemática na
Universidade Federal do Rio Grande do Sul.

2009

Obra originalmente publicada sob título *Analyzing Qualitative Data*
ISBN 978-0-7619-4980-0
English language edition published by SAGE Publications of London, New Delhi and Singapore

© Graham R. Gibbs, 2008
© Portuguese language translation by Artmed Editora S.A., 2009

Capa:
Paola Manica

Preparação de originais:
Lia Gabriele Regius dos Reis

Leitura final:
Cristine Henderson Severo

Supervisão editorial:
Carla Rosa Araujo

Projeto e editoração:
Santo Expedito Produção e Artefinal

Finalização:
Armazém Digital® Editoração Eletrônica - Roberto Carlos Moreira Vieira

Reservados todos os direitos de publicação, em língua portuguesa, à
ARTMED® EDITORA S.A.
Av. Jerônimo de Ornelas, 670 - Santana
90040-340 Porto Alegre RS
Fone (51) 3027-7000 Fax (51) 3027-7070

É proibida a duplicação ou reprodução deste volume, no todo ou em parte, sob quaisquer formas ou por quaisquer meios (eletrônico, mecânico, gravação, fotocópia, distribuição na Web e outros), sem permissão expressa da Editora.

SÃO PAULO
Av. Angélica, 1091 - Higienópolis
01227-100 São Paulo SP
Fone (11) 3665-1100 Fax (11) 3667-1333

SAC 0800 703-3444

IMPRESSO NO BRASIL
PRINTED IN BRAZIL
Impresso sob demanda na Meta Brasil a pedido de Grupo A Educação.

SUMÁRIO

Introdução à *Coleção Pesquisa Qualitativa* (Uwe Flick) 7
Sobre este livro (Uwe Flick) 13

1   Natureza da análise qualitativa 15
2   Preparação dos dados 27
3   Escrita 43
4   Codificação e categorização temáticas 59
5   Análise de biografias e narrativas 79
6   Análise comparativa 97
7   Qualidade analítica e ética 117
8   Começando a trabalhar com análise qualitativa
    de dados com uso de computador 135
9   Buscas e outras atividades analíticas com o uso de *softwares* 157
10 Agrupando tudo 179

Glossário 183
Referências 191
Índice 195

INTRODUÇÃO À *COLEÇÃO PESQUISA QUALITATIVA*

Uwe Flick

Nos últimos anos, a pesquisa qualitativa tem vivido um período de crescimento e diversificação inéditos ao se tornar uma proposta de pesquisa consolidada e respeitada em diversas disciplinas e contextos. Um número cada vez maior de estudantes, professores e profissionais se depara com perguntas e problemas relacionados a como fazer pesquisa qualitativa, seja em termos gerais, seja para seus propósitos individuais específicos. Responder a essas perguntas e tratar desses problemas práticos de maneira concreta são os propósitos centrais da *Coleção Pesquisa Qualitativa*.

Os livros da *Coleção Pesquisa Qualitativa* tratam das principais questões que surgem quando fazemos pesquisa qualitativa. Cada livro aborda métodos fundamentais (como grupos focais) ou materiais fundamentais (como dados visuais) usados para estudar o mundo social em termos qualitativos. Mais além, os livros incluídos na *Coleção* foram redigidos tendo em mente as necessidades dos diferentes tipos de leitores, de forma que a *Coleção* como um todo e cada livro em si serão úteis para uma ampla gama de usuários:

- *Profissionais* da pesquisa qualitativa nos estudos das ciências sociais, na pesquisa médica, na pesquisa de mercado, na avaliação, nas questões organizacionais, na administração de empresas, na ciência cognitiva, etc., que enfrentam o problema de planejar e realizar um determinado estudo usando métodos qualitativos.
- *Professores universitários* que trabalham com métodos qualitativos poderão usar esta série como base para suas aulas.
- *Estudantes de graduação e pós-graduação* em ciências sociais, enfermagem, educação, psicologia e outros campos em que os métodos qualitativos são uma parte (principal) da formação universitária, incluindo aplicações práticas (por exemplo, para escrever uma tese).

Cada livro da *Coleção Pesquisa Qualitativa* foi escrito por um autor destacado, com ampla experiência em seu campo e com prática nos métodos sobre os quais escreve. Ao ler a *Coleção* completa de livros, do início ao fim, você encontrará, repetidamente, algumas questões centrais a qualquer tipo de pesquisa qualitativa, como ética, desenho de pesquisa ou avaliação de qualidade. Entretanto, em cada livro, essas questões são tratadas do ponto de vista metodológico específico dos autores e das abordagens que descrevem. Portanto, você poderá encontrar diferentes enfoques às questões de qualidade ou sugestões diferenciadas de como analisar dados qualitativos nos diferentes livros, que se combinarão para apresentar um quadro abrangente do campo como um todo.

O QUE É A PESQUISA QUALITATIVA?

É cada vez mais difícil encontrar uma definição comum de pesquisa qualitativa que seja aceita pela maioria das abordagens e dos pesquisadores do campo. A pesquisa qualitativa não é mais apenas a "pesquisa *não* quantitativa", tendo desenvolvido uma identidade própria (ou, talvez, várias identidades).

Apesar dos muitos enfoques existentes à pesquisa qualitativa, é possível identificar algumas características comuns. Esse tipo de pesquisa visa a abordar o mundo "lá fora" (e não em contextos especializados de pesquisa, como os laboratórios) e entender, descrever e, às vezes, explicar os fenômenos sociais "de dentro" de diversas maneiras diferentes:

- Analisando experiências de indivíduos ou grupos. As experiências podem estar relacionadas a histórias biográficas ou a práticas (cotidianas ou profissionais), e podem ser tratadas analisando-se conhecimento, relatos e histórias do dia a dia.
- Examinando interações e comunicações que estejam se desenvolvendo. Isso pode ser baseado na observação e no registro de práticas de interação e comunicação, bem como na análise desse material.
- Investigando documentos (textos, imagens, filmes ou música) ou traços semelhantes de experiências ou interações.

Essas abordagens têm em comum o fato de buscarem esmiuçar a forma como as pessoas constroem o mundo à sua volta, o que estão fazendo ou o que está lhes acontecendo em termos que tenham sentido e que ofereçam uma visão rica. As interações e os documentos são considerados como formas de constituir, de forma conjunta (ou conflituosa), processos e artefatos sociais. Todas essas abordagens representam formas de sentido, as quais podem ser reconstruídas e analisadas com diferentes métodos qualitativos que permitam ao pesquisador desenvolver modelos, tipologias, teorias (mais ou menos generalizáveis) como formas de descrever e explicar as questões sociais (e psicológicas).

POR QUE SE FAZ PESQUISA QUALITATIVA?

Levando-se em conta que existem diferentes enfoques teóricos, epistemológicos e metodológicos, e que as questões estudadas também são muito diferentes, é possível identificar formas comuns de fazer pesquisa qualitativa? Podem-se, pelo menos, identificar algumas características comuns na forma como ela é feita.

- Os pesquisadores qualitativos estão interessados em ter acesso a experiências, interações e documentos em seu contexto natural, e de uma forma que dê espaço às suas particularidades e aos materiais nos quais são estudados.
- A pesquisa qualitativa se abstém de estabelecer um conceito bem definido daquilo que se estuda e de formular hipóteses no início para depois testá-las. Em vez disso, os conceitos (ou as hipóteses, se forem usadas) são desenvolvidos e refinados no processo de pesquisa.
- A pesquisa qualitativa parte da ideia de que os métodos e a teoria devem ser adequados àquilo que se estuda. Se os métodos existentes não se ajustam a uma determinada questão ou a um campo concreto, eles serão adaptados ou novos métodos e novas abordagens serão desenvolvidos.
- Os pesquisadores, em si, são uma parte importante do processo de pesquisa, seja em termos de sua própria presença pessoal na condição de pesquisadores, seja em termos de suas experiências no campo e com a capacidade de reflexão que trazem ao todo, como membros do campo que se está estudando.
- A pesquisa qualitativa leva a sério o contexto e os casos para entender uma questão em estudo. Uma grande quantidade de pesquisa qualitativa se baseia em estudos de caso ou em séries desses estudos, e, com frequência, o caso (sua história e complexidade) é importante para entender o que está sendo estudado.
- Uma parte importante da pesquisa qualitativa está baseada em texto e na escrita, desde notas de campo e transcrições até descrições e interpretações, e, finalmente, à interpretação dos resultados e da pesquisa como um todo. Sendo assim, as questões relativas à transformação de situações sociais complexas (ou outros materiais, como imagens) em textos, ou seja, de transcrever e escrever em geral, preocupações centrais da pesquisa qualitativa.

- Mesmo que os métodos tenham de ser adequados ao que está em estudo, as abordagens de definição e avaliação da qualidade da pesquisa qualitativa (ainda) devem ser discutidas de formas específicas, adequadas à pesquisa qualitativa e à abordagem específica dentro dela.

☑ A ABRANGÊNCIA DA *COLEÇÃO PESQUISA QUALITATIVA*

O livro *Desenho da pesquisa qualitativa* (Uwe Flick) apresenta uma breve introdução à pesquisa qualitativa do ponto de vista de como desenhar e planejar um estudo concreto usando esse tipo de pesquisa de uma forma ou de outra. Visa a estabelecer uma estrutura para os outros livros da *Coleção*, enfocando problemas práticos e como resolvê-los no processo de pesquisa. O livro trata de questões de construção de desenho na pesquisa qualitativa, aponta as dificuldades encontradas para fazer com que um projeto de pesquisa funcione e discute problemas práticos, como os recursos na pesquisa qualitativa, e questões mais metodológicas, como a qualidade e ética em pesquisa qualitativa.

Dois livros são dedicados à coleta e à produção de dados na pesquisa qualitativa. *Etnografia e observação participante* (Michael Angrosino) é dedicado ao enfoque relacionado à coleta e à produção de dados qualitativos. Neste caso, as questões práticas (como a escolha de lugares, de métodos de coleta de dados na etnografia, problemas especiais em sua análise) são discutidas no contexto de questões mais gerais (ética, representações, qualidade e adequação da etnografia como abordagem). Em *Grupos focais*, Rosaline Barbour apresenta um dos mais importantes métodos de produção de dados qualitativos. Mais uma vez, encontramos um foco intenso nas questões práticas de amostragem, desenho e análise de dados, e em como produzi-los em grupos focais.

Dois outros livros são dedicados a analisar tipos específicos de dados qualitativos. *Dados visuais para pesquisa qualitativa* (Marcus Banks) amplia o foco para o terceiro tipo de dado qualitativo (para além dos dados verbais originários de entrevistas e grupos focais e de dados de observação). O uso de dados visuais não apenas se tornou uma tendência importante na pesquisa social em geral, mas também coloca os pesquisadores diante de novos problemas práticos em seu uso e em sua análise, produzindo novas questões éticas. Em *Análise de dados qualitativos* (Graham Gibbs), examinam-se várias abordagens e questões práticas relacionadas ao entendimento dos dados qualitativos. Presta-se atenção especial às práticas de codificação, à comparação e ao uso da análise informatizada de dados qualitativos. Nesse caso, o foco está nos dados verbais, como entrevistas, grupos focais ou biografias. Questões práticas como gerar um arquivo, transcrever vídeos e analisar discursos com esse tipo de dados são abordados nesse livro.

Qualidade na pesquisa qualitativa (Uwe Flick) trata da questão da qualidade dentro da pesquisa qualitativa. Nesse livro, a qualidade é examinada a partir do uso ou da reformulação de critérios existentes para a pesquisa qualitativa, ou da formulação de novos critérios. Esse livro examina os debates em andamento sobre o que deve ser definido como "qualidade" e validade em metodologias qualitativas, e analisa as muitas estratégias para promover e administrar a qualidade na pesquisa qualitativa. Presta-se atenção especial à estratégia de triangulação na pesquisa qualitativa e ao uso desse tipo de pesquisa no contexto da promoção da qualidade.

Antes de continuar a descrever o foco deste livro e seu papel dentro da *Coleção*, gostaria de agradecer a algumas pessoas que foram importantes para fazer com que essa *Coleção* se concretizasse. Michael Carmichael me propôs este projeto há algum tempo e ajudou muito no início, fazendo sugestões. Patrick Brindle assumiu e deu continuidade a esse apoio, assim como Vanessa Harwood e Jeremy Toynbee, que fizeram livros a partir dos materiais que entregamos.

SOBRE ESTE LIVRO
Uwe Flick

Às vezes, a análise de dados qualitativos é considerada como o núcleo central da pesquisa qualitativa em geral, ao passo que a coleta de dados é um passo preliminar para prepará-la. Há diferentes abordagens à análise de dados na pesquisa qualitativa, algumas delas mais gerais e outras, mais específicas para determinados tipos de dados. Todas elas têm em comum o fato de serem baseadas em análise textual, de modo que qualquer tipo de material na pesquisa qualitativa tem que ser preparado para ser analisado como texto. Em alguns casos, a estrutura interna de um texto (por exemplo, uma entrevista) é mais importante para a sua análise do que em outros (ou em uma entrevista semiestruturada). Em algumas situações, o conteúdo está no centro da análise (às vezes, exclusivamente), em outras, a interação no texto também é irrelevante (como nos grupos focais) ou é o foco central da análise (como na análise de conversação).

Neste livro, as estratégias analíticas básicas para analisar dados qualitativos são desdobradas em mais detalhes. Seu primeiro foco está em codificar e categorizar. O segundo, em narrativas e biografias. O terceiro foco está no uso de computadores nesse contexto. Dá-se atenção considerável à análise comparativa e às questões de qualidade e ética que são específicas da análise de dados.

Com esses focos, este livro, antes de mais nada, oferece uma base para se analisarem todos os tipos de dados qualitativos que sejam de interesse em termos de dados verbais, como declarações e histórias. No contexto da *Coleção Pesquisa Qualitativa*, é complementado pelo livro de Banks (2007), que trata da análise de materiais visuais. Também é complementado pelos livros sobre etnografia, de Angrosino (2007), e sobre grupos focais, de Barbour (2007), que tratam de problemas específicos da análise de dados que resultam de cada método. Um acréscimo importante à sua abrangência é que este livro presta muita atenção ao uso de computadores na pesquisa qualitativa e à redação no contexto de elaboração dos dados (como escrever notas ou memorandos e diários de pesquisa). Também dá sugestões úteis para a transcrição de dados verbais. Suas sugestões relacionadas à ética e à qualidade de análise são um acréscimo aos livros de Flick (2007a, 2007b) sobre desenho e qualidade no processo de pesquisa dentro da *Coleção Pesquisa Qualitativa*.

NATUREZA DA ANÁLISE QUALITATIVA

Objetivos do capítulo

Após a leitura deste capítulo, você deverá:
- perceber a existência de algumas características da análise qualitativa que são próprias, mas que, ao mesmo tempo, muitas vezes geram controvérsia entre os pesquisadores qualitativos;
- conhecer algumas visões diferentes sobre a pesquisa qualitativa;
- entender que elas influenciam a análise e delineiam os limites do "território" qualitativo e alguns dos estilos próprios adotados pelos analistas qualitativos.

ANÁLISE

A ideia de análise sugere algum tipo de transformação. Você começa com alguma coleta de dados qualitativos (muitas vezes, volumosa) e depois os processa por meio de procedimentos analíticos, até que se transformem em uma análise clara, compreensível, criteriosa, confiável e até original. Há controvérsias inclusive sobre essa transformação. Alguns pesquisadores se concentram nos processos "formais" nos quais estão envolvidos - a classificação, recuperação, indexação e o manejo dos dados qualitativos, geralmente com alguma discussão sobre como esses processos podem ser usados para gerar ideias analíticas (Miles e Huberman, 1994; Maykut e Morehouse, 2001; Ritchie e Lewis, 2003). Os processos são elaborados para lidar com a grande quantidade de dados criada com a pesquisa qualitativa, em transcrições de entrevistas (ver Kvale, 2007), notas de campo (ver Angrosino, 2007), documentos coletados, gravações em áudio e vídeo (ver Rapley, 2007), entre outros. A seleção e busca em todos esses dados enquanto é criada uma análise coerente e perceptiva que se mantenha baseada nesses dados - ou seja, os dados proporcionam boas evidências de sustentação - é um grande desafio e requer boa organização e uma abordagem estruturada dos dados. Essa é uma das razões pelas quais uma SADQ (*software* de análise de dados qualitativos) passou a ser utilizado. Esse programa não pensa por você, mas ajuda muito nos processos "burocráticos".

Outros pesquisadores enfatizam a ideia de que a análise envolve interpretação e recontagem, e que isso é imaginativo e especulativo (Mishler, 1986; Riessman, 1993; Denzin, 1997; Giorgi e Giorgi, 2003). Há várias abordagens envolvidas aqui, incluindo a análise de discurso e conversação (ver Rapley, 2007), algumas formas de fenomenologia, abordagens biográficas e narrativas, além de métodos etnográficos recentes (ver Angrosino, 2007). Essas abordagens enfatizam a ideia de que os dados quantitativos têm significado e precisam ser interpretados em análise não apenas para revelar a variedade de temas de que as pessoas estão falando, mas também para reconhecer e analisar as formas como elas enquadram e modelam suas comunicações.

A maioria dos autores que escrevem sobre dados qualitativos reconhece que isso envolve ambos os aspectos da análise - manipulação e interpretação de dados (Coffey e Atkinson, 1996; Mason, 2002; Flick, 2006, 2007a). Às vezes, elas são usadas ao mesmo tempo, mas frequentemente são usadas em sequência, a começar pelo uso dos procedimentos "de escritório", depois avançando para a redução dos dados em resumos ou apresentações, antes de finalizar a análise interpretativa e tirar conclusões.

DADOS QUALITATIVOS

Como sugeri acima, os dados qualitativos são essencialmente significativos, mas, mais do que isso, mostram grande diversidade. Eles não incluem contagens e medidas, mas sim praticamente qualquer forma de comunicação humana – escrita, auditiva ou visual; por comportamento, simbolismos ou artefatos culturais. Isso inclui qualquer dos seguintes:

- entrevistas individuais ou grupos focais e suas transcrições;
- observação participante etnográfica;
- correio eletrônico;
- páginas na internet;
- propaganda: impressa, filmada ou televisionada;
- gravações de vídeo de transmissões de TV;
- diários em vídeo;
- vídeos ou entrevistas e grupos focais;
- vários documentos, como livros e revistas;
- diários;
- conversas em grupos de bate-papo na internet;
- arquivos de notícias na internet;
- fotografias;
- filmes;
- vídeos caseiros;
- gravações em vídeo de sessões de laboratório.

O tipo mais comum de dado qualitativo usado em análise é o texto, que pode ser uma transcrição de entrevistas ou notas de campo de trabalho etnográfico ou outros tipos de documentos. A maior parte dos dados em áudio e vídeo é transformada em texto para ser analisada. A razão para isso é que o texto é uma forma fácil de registro que se pode trabalhar com as técnicas "de escritório" já mencionadas. Contudo, com o desenvolvimento dos sistemas de gravação em áudio e vídeo e a disponibilidade de programas para seleção, indexação e acesso, a necessidade e o desejo de transcrever podem ser reduzidos no futuro. Além disso, o uso de dados em vídeo preserva alguns dos aspectos visuais dos dados que muitas vezes são perdidos durante a transição de conversações.

ASPECTOS PRÁTICOS DA ANÁLISE QUALITATIVA

A análise qualitativa envolve duas atividades: em primeiro lugar, desenvolver uma consciência dos tipos de dados que podem ser examinados e como eles podem ser descritos e explicados; em segundo, desenvolver uma série de atividades práticas adequadas aos tipos de dados e às grandes quantidades deles que devem ser examinadas. Essas atividades são o que chamo de aspectos práticos da análise qualitativa, que discutirei de forma mais detalhada no resto do livro, mas duas delas diferenciam a análise qualitativa de outras abordagens.

UNIÃO ENTRE COLETA E ANÁLISE

Em alguns tipos de pesquisa social, estimula-se a coleta de todos os dados antes do início de qualquer tipo de análise. A pesquisa qualitativa se diferencia nesse sentido porque não há separação entre conjunto de dados e análise de dados. A análise pode e deve começar em campo. À medida que coleta seus dados, por meio de entrevistas, notas de campo, aquisição de documentos e assim por diante, é possível iniciar sua análise. Analiso essas três questões mais detalhadamente no Capítulo 3, mas ações como gerar notas de campo e ter um diário são formas de coletar dados e iniciar sua análise. Você nem precisa esperar até sua primeira entrevista ou saída de campo para começar. Com frequência, há dados em abundância que podem ser examinados, em documentos existentes e em estudos anteriores.

Na verdade, fazer análise e coleta de dados ao mesmo tempo não apenas é possível como pode ser uma boa prática. Você deve usar a análise de seus primeiros dados como forma de levantar novas questões e perguntas para a pesquisa. Nesse sentido, a pesquisa qualitativa é flexível. As perguntas de pesquisa podem ser decididas mais tarde no estudo, por exemplo, se as perguntas originais tiverem pouco sentido à luz das perspectivas das pessoas estudadas.

AMPLIAÇÃO DO VOLUME DE DADOS EM VEZ DE REDUÇÃO

Uma outra diferença fundamental entre os procedimentos de análise qualitativa e quantitativa é que a primeira não busca reduzir ou condensar os dados, por exemplo, em resumos ou estatísticas. A análise de dados qualitativos costuma demandar que se lide com grandes volumes de dados (transcrições, gravações, notas, etc.). A maior parte da análise simplesmente aumenta esse volume, ainda que, na etapa final do relatório da pesquisa, o analista possa ter que selecionar resumos e exemplos dos dados.

Dessa forma, a análise qualitativa geralmente busca melhorar os dados e aumentar seu volume, sua densidade e sua complexidade. Em particular, muitas das abordagens analíticas envolvem a criação de mais textos na forma de itens como resumos, sumários, memorandos, notas e esboços. Muitas das técnicas de análise qualitativa tratam de formas para lidar com esse grande volume de dados. Esse é o caso, particularmente, da codificação. Embora a codificação na análise quantitativa tenha o propósito explícito de reduzir os dados a alguns "tipos", para que possam ser contabilizados, na análise qualitativa ela é uma forma de organizar e controlar os dados. Todos os dados originais são preservados. Os códigos (e os documentos analíticos associados) acrescentam interpretação e teoria aos dados. Na verdade, geralmente o texto pode ser densamente codificado. A maioria dos textos não só terá um código atribuído a si: grande parte deles terá mais de um.

METODOLOGIA

A segunda atividade que a análise qualitativa envolve é sua consciência dos tipos de informações que podem ser encontradas nos dados qualitativos e em como eles podem ser analisados. Há uma ampla variedade dessas formas de olhar os dados, e a análise qualitativa adotou uma variedade de estilos analíticos de base metodológica para isso. Consequentemente, ainda há várias visões contestadas em relação à metodologia.

DESCRIÇÃO RICA

Uma grande preocupação da análise qualitativa é descrever a situação em questão, para responder à pergunta "O que está acontecendo aqui?". Isso porque, muitas vezes, o que se descreve é novo ou, pelo menos, esquecido ou ignorado. A descrição é detalhada e contribui para uma compreensão e uma eventual análise do contexto estudado. Particularmente, o foco está em fornecer uma descrição "densa", um termo popularizado por Geertz (1975; ver Mason, 2002), ou seja, uma descrição que demonstre a riqueza do que está acontecendo e enfatize a forma como isso envolve as intenções e estratégias das pessoas. A partir dessa descrição "densa", pode-se dar um passo adiante e oferecer uma explicação para o que está acontecendo.

INDUÇÃO E DEDUÇÃO

Uma das funções da análise qualitativa é encontrar padrões e reproduzir explicações. Há duas lógicas contrastantes de explicação, a indução e a dedução, e a pesquisa qualitativa, na verdade, usa ambas.

- A indução é a produção e a justificação de uma explicação geral com base no acúmulo de grandes quantidades de circunstâncias específicas, mas semelhantes. Dessa forma, observações específicas e repetidas de que os torcedores de times de futebol que estão em uma boa fase ou em uma fase muito ruim são mais envolvidos com a torcida do que os de times que se mantêm na faixa intermediária do campeonato sustentam a afirmação geral de que o apoio dos torcedores é maior quando seus times estão em extremos.

- A explicação dedutiva vai na direção oposta, no sentido de que uma determinada situação se explica pela dedução a partir de um enunciado sobre as circunstâncias. Por exemplo, sabemos que à medida que as pessoas envelhecem, seus tempos de reação ficam mais longos, de forma que podemos deduzir que os reflexos de Jennifer são mais lentos porque ela tem mais de 80 anos. Grande parte da pesquisa quantitativa é dedutiva em sua abordagem. Uma hipótese é deduzida a partir de uma lei geral, e isso é testado em relação à realidade, procurando-se circunstâncias que a confirmem ou refutem.

Grande parte da pesquisa qualitativa tenta explicitamente gerar novas teorias e novas explicações. Nesse sentido, a lógica subjacente a ela é indutiva. Em vez de começar com algumas teorias e conceitos que devem ser testados ou examinados, essa pesquisa privilegia uma abordagem na qual eles são desenvolvidos junto com a coleta de dados, para produzir e justificar novas generalizações e, assim, criar novos conhecimentos e visões. Alguns autores rejeitam a imposição de qualquer quadro teórico *a priori* no início. Entretanto, é muito difícil que os analistas eliminem completamente todos os quadros anteriores. A análise qualitativa inevitavelmente é guiada e enquadrada por ideias e conceitos preexistentes. Muitas vezes, o que os pesquisadores estão fazendo é verificar pistas, ou seja, estão deduzindo explicações particulares a partir de teorias gerais e observando se as circunstâncias que observam realmente são consistentes.

NOMOTÉTICA E IDIOGRÁFICA

Tanto as abordagens indutivas quanto as dedutivas estão preocupadas com afirmações gerais, mas muito da pesquisa qualitativa examina o particular, o característico ou mesmo o singular.

- A abordagem *nomotética* se interessa pelas dimensões gerais nas quais todos os indivíduos e situações variam. Ela pressupõe que o comportamento de uma determinada pessoa é o resultado de leis aplicáveis a todos. Em termos menos formais, a abordagem tenta mostrar o que as pessoas, eventos e contextos têm em comum e explicá-los em termos dessas características comuns. Na pesquisa qualitativa, isso se faz procurando variações e diferenças e tentando relacioná-las ou mesmo correlacioná-las com outras características observadas, como comportamentos, ações e resultados.
- A abordagem *idiográfica* estuda o indivíduo (pessoa, lugar, evento, contexto, etc.) como um caso único. O foco está na interação de fatores que podem ser muito específicos do indivíduo. Mesmo que dois indivíduos possam compartilhar alguns aspectos, é inevitável que sejam afetados

concretamente por diferenças entre eles. Sendo assim, dois casais heterossexuais podem ter muito em comum: mesma idade, mesma cultura, mesmo número de filhos e residências semelhantes, no mesmo local. Entretanto, também há diferenças. Eles podem ter trabalhos distintos, origens sociais diferenciadas, interesses diferentes e filhos com diferentes personalidades e diferentes relações com seus pais. Um estudo qualitativo dos casais teria que reconhecer que seus aspectos comuns seriam moldados de forma crucial por suas diferenças, de forma que cada casal poderia ser considerado único.

Na pesquisa qualitativa, há uma forte ênfase na exploração da natureza de um determinado fenômeno. A preocupação com o idiográfico costuma se manifestar no exame de estudos de caso. Essa abordagem enfatiza não apenas a singularidade de cada caso, mas também a natureza holística da realidade social. Ou seja, fatores e características só podem ser entendidos adequadamente quando inseridos no contexto mais amplo de outros fatores e características.

Tanto a abordagem nomotética quanto a idiográfica são comuns na pesquisa qualitativa. A idiográfica costuma ser considerada um ponto forte específico da pesquisa qualitativa, sendo associada particularmente a certas técnicas, como a biografia e a narrativa. Entretanto, a combinação e a comparação de vários casos muitas vezes proporcionam ao analista uma justificativa para gerar afirmações nomotéticas.

REALISMO E CONSTRUTIVISMO

Os pesquisadores qualitativos também discordam em relação à realidade do mundo que estão tentando analisar, principalmente em relação a se existe um mundo material que tenha características que independam de nós e que funcione como referência maior para a validade de nossa análise.

- *Realismo*. Este é, provavelmente, o pressuposto cotidiano das pessoas ao cuidar de suas vidas. Os realistas acreditam que, em certo sentido, há um mundo com caráter e estrutura que existe à parte de nós e de nossas vidas. No nível mais básico e provavelmente menos polêmico, essa é a visão de que há um mundo material de coisas que existiam antes de nós e continuariam existindo mesmo que perecêssemos. É o mundo dos objetos físicos, da paisagem, de animais e plantas, planetas e estrelas, e de todas as coisas que podem ser vistas, tocadas, ouvidas, degustadas e aspiradas. A visão realista fica mais polêmica quando começamos a pensar em coisas que são mais teóricas e não podem ser sentidas diretamente, como, por exemplo, algumas das ideias mais abstratas da física e da matemática, como os átomos, as forças nucleares fracas, neutrinos, probabilidades e números imaginários, bem como os pontos que os pesquisadores qualitativos podem discutir, como classes sociais, poder político, estilos de aprendizagem, atitudes, grupos de referência, hábitos sociais e leis estaduais. Para um realista, essas coisas são reais e independentes de nós, e mesmo que não possam ser sentidas diretamente, seus efeitos podem. O mundo existe de uma única maneira. Nossas descrições e explicações acerca dele são, em graus variados, retratos precisos desse mundo estando corretos à medida que correspondem a esse mundo real.

- *Idealismo/construtivismo.* Em contraste, os idealistas sugerem que, na verdade, não é possível saber coisa alguma sobre esse mundo real. Tudo o que dizemos e vivenciamos se dá por meio de nossas construções e ideias. Mesmo a própria ideia da realidade é uma construção humana. O mundo em que vivemos reflete esses conceitos e, consequentemente, se eles forem diferentes ou mudarem, o mundo também fica diferente. As pessoas costumavam acreditar que as bruxas tinham poderes sobrenaturais e que a Terra era plana. Hoje em dia, são poucos os que acreditam nisso e, consequentemente, o mundo é diferente para nós. O construtivismo é uma versão de idealismo que enfatiza que o mundo que vivenciamos surge de realidades múltiplas e socialmente construídas. Essas construções são criadas porque os indivíduos querem entender suas experiências. Muitas vezes, elas são compartilhadas, mas isso "não as torna mais reais, simplesmente mais aceitas" (Guba e Lincoln, 1989, p. 89). Assim, uma análise construtivista tenta refletir as construções o mais fielmente possível, sem qualquer referência a uma realidade subjacente ou compartilhada. Algumas afirmações podem parecer ser descrições objetivas da realidade, mas inevitavelmente estão "carregadas de teoria" e refletem nossas visões preconcebidas e nossos preconceitos gerados a partir das construções de mundo que nós ou nossos entrevistados temos. Para idealistas e construtivistas, não se pode dizer como é o mundo, apenas como algumas pessoas o veem. Pode parecer fácil defender essa visão quando se fala sobre as descrições ou histórias que as pessoas comunicam sobre eventos. É muito fácil ver como elas podem ser parciais e enviesadas e refletir suas percepções do mundo. Entretanto, para um construtivista, isso também se aplica ao que pode ser chamado de dados objetivos, como a observação direta do comportamento das pessoas. Esses dados, para o construtivista, refletem igualmente a interação das construções do pesquisador e do participante.

Na prática, poucos são os analistas qualitativos puramente realistas ou idealistas. A maioria está preocupada em retratar, da forma mais precisa e fiel possível, o que as pessoas realmente disseram e, nesse sentido, eles são realistas. Contudo, todos concordariam que a pesquisa qualitativa é uma questão de interpretação daquilo que os entrevistados e participantes dizem ou fazem. Um compromisso fundamental da pesquisa qualitativa é ver as coisas pelos olhos dos entrevistados e participantes, o que envolve um compromisso com a observação de eventos, ações, normas e valores, entre outros, da perspectiva das pessoas estudadas. O pesquisador tem que ser sensível às perspectivas diferenciadas de grupos distintos e ao conflito potencial entre a perspectiva daqueles que estão sendo analisados e os que os estão analisando. Sendo assim, não pode haver um relato simples, verdadeiro e preciso das visões dos entrevistados. Nossas análises são, por natureza, interpretações, e, portanto, construções do mundo.

ÉTICA

As questões éticas influenciam a pesquisa qualitativa como em qualquer outra pesquisa, mas afetam mais as etapas de planejamento e coleta de dados. Por exemplo, o princípio de consentimento totalmente informado significa que os participantes de pesquisas devem saber exatamente o que está em foco, o que lhes acontecerá durante a pesquisa e qual será o destino dos dados que fornecerem depois que a pesquisa for concluída. Eles devem ser informados disso antes do início da pesquisa, e devem ter a opção de desistir a qualquer momento e, geralmente, se pedirem para encerrar sua participação, qualquer dado que tenha sido coletado a partir de suas informações será devolvido ou destruído. Tudo isso acontece muito antes da análise dos dados.

Todavia, há alguns aspectos especiais dos dados qualitativos e de sua coleta que levantam questões éticas. Talvez o mais importante seja que os dados qualitativos geralmente são muito pessoais e individuais. A identificação dos indivíduos não pode ser ocultada por estatísticas agregadas quando os dados são analisados e relatórios são realizados sobre eles. A menos que haja ações especiais, é comum que o relatório de dados qualitativos e, principalmente, o uso de citações dos entrevistados identifiquem participantes e/ou contextos específicos. Às vezes isso não é um problema e, especialmente quando há acordo com os participantes, sua identidade real e a dos contextos e organizações envolvidos no caso podem ser revelados, mas em geral esse não é o caso. Normalmente, é preciso algum esforço para proteger a identidade das pessoas envolvidas em nossa pesquisa. O Capítulo 2 discute alguns dos aspectos da anonimização das transcrições que são necessários na análise qualitativa.

A natureza pessoal de grande parte da pesquisa qualitativa faz com que os pesquisadores tenham que ser muito sensíveis aos possíveis danos e incômodos que seu trabalho pode causar aos participantes. Vale lembrar que, na maior parte das vezes, essas questões surgem na etapa de coleta de dados, quando, por exemplo, a natureza de entrevistas aprofundadas pode permitir que as pessoas falem extensa e detalhadamente sobre questões que, em geral, não abordariam. Os pesquisadores devem estar cientes do desconforto que isso pode causar aos participantes e tomar providências para lidar com a situação. Quando os dados forem analisados, essas questões deverão ter sido tratadas, embora ainda possa haver alguns pontos remanescentes relacionados à publicação dos resultados da análise. Essas questões serão aprofundadas no Capítulo 7.

PONTOS-CHAVE

- Os dados qualitativos são muitos variados, mas todos têm em comum o fato de que são exemplos da comunicação humana dotada de sentidos. Por razões de conveniência, a maior parte dos dados é convertida em texto escrito (ou digitado). A análise daquilo que muitas vezes é uma grande quantidade de material reflete duas características. Em primeiro lugar, os dados são volumosos e é necessário adotar métodos para lidar com isso de forma prática e coerente. Em segundo, os dados devem ser interpretados.
- Há algumas questões práticas que tornam a análise de dados qualitativos distinta, como começar a análise antes de decidir a amostragem e concluir a coleta de dados, bem como o fato de que a análise dos dados tende a aumentar seu volume (pelo menos em princípio), em vez de reduzi-lo.
- Há uma tendência a considerar a pesquisa qualitativa como construtivista, indutiva e idiográfica, ou seja, considerar que ela tem a ver com a interpretação de novas explicações sobre as características singulares de casos individuais. Isso, porém, é uma simplificação grosseira. Grande parte da pesquisa qualitativa está relacionada com a explicação do que as pessoas e as situações têm em comum e a como fazê-lo com base em teorias e conceitos existentes. Nesse sentido, ela é nomotética e dedutiva. Além disso, embora todos os pesquisadores sejam sensíveis a como até mesmo suas descrições sejam interpretações, eles são suficientemente realistas para acreditar que é importante representar as visões de participantes e entrevistados da forma mais fiel e precisa possível.
- Em função de sua natureza individual e pessoal, a pesquisa qualitativa levanta uma série de questões éticas, mas a maioria delas deve ser tratada antes do início da análise de dados. Mesmo assim, é importante garantir a preservação do anonimato (se foi declarada essa garantia) e que os entrevistados saibam o destino dos dados que forneceram.

LEITURAS COMPLEMENTARES

As obras a seguir contêm informações mais detalhadas sobre as discussões desta breve introdução:

Angrosino, M. (2007). *Doing Ethnographic and Observational Research* (Book 3 of *The SAGE Qualitative Research Kit*). London: Sage. Publicado pela Artmed Editora sob o título *Etnografia e observação participante*.

Barbour, R. (2007) *Doing Focus Groups* (Book 4 of *The SAGE Qualitative Research Kit*). London: Sage. Publicado pela Artmed Editora sob o título *Grupos focais*.

Crotty, M. (1998) *The Foundations of Social Research: Meaning and Perspective in the Research Process*. London: Sage.

Flick, U. (2007a) *Designing Qualitative Research* (Book 1 of *The SAGE Qualitative Research Kit*). London: Sage. Publicado pela Artmed Editora sob o título *Desenho da pesquisa qualitativa*.

Flick, U., von Kardorff, E. and Steinke, I. (eds.) (2004) *A Companion to Qualitative Research*. London: Sage. Ler especialmente as partes 3A e 4.

Hesse-Biber, S. N. and Leavy, P. (eds.) (2004) *Approaches to Qualitative Research: A Reader on Theory and Practice*. New York: Oxford University Press. Ler especialmente a parte I.

Kvale, S. (2007) *Doing Interviews* (Book 2 of *The SAGE Qualitative Research Kit*). London: Sage.

Rapley, T. (2007) *Doing Conversation, Discourse and Document Analysis* (Book 7 of *The SAGE Qualitative Research Kit*). London: Sage.

PREPARAÇÃO DOS DADOS

Objetivos do capítulo

Após a leitura deste capítulo, você deverá:

- saber que a maioria dos analistas trabalha com dados textuais, geralmente descritos e digitados de forma clara;
- entender que a tarefa da transcrição é demorada e deve ser realizada com cuidado e planejamento prévio, por envolver uma mudança de meio e assim, inevitavelmente, um grau de interpretação;
- estar ciente das decisões a serem tomadas em relação ao processo em níveis de transcrição, convenções para designação, anonimização e formatação.

TRANSCRIÇÃO

A maioria dos pesquisadores qualitativos transcreve suas gravações, observações e notas de campo para produzir uma cópia digitada clara. Contudo, duas grandes questões devem ser consideradas antes de entender as transcrições: elas demandam muito tempo e esforço, e a transcrição é um processo interpretativo. As estimativas do tempo que as transcrições levam variam de autor para autor e dependem do nível de detalhes com que se transcreve e do talento do digitador. Uma média comum é que a transcrição leve algo entre 4 e 6 vezes o tempo envolvido na coleta dos dados. Isso significa que o trabalho pode ser acumulado, especialmente para o pesquisador solitário que esteja fazendo sua própria transcrição. Muitos estudantes de doutorado que usam métodos qualitativos ficaram ansiosos nas últimas etapas de seu trabalho de campo pela "pilha" cada vez maior de fitas e notas esperando para ser transcritas. O único conselho que se pode dar, embora difícil de seguir, é: se você não pode pagar alguém para fazer por você, tente transcrever "pouco a pouco e com frequência".

A transcrição, especialmente de entrevistas, é uma mudança de meio, e isso introduz questões de precisão, fidelidade e interpretação. Kvale (1988, p. 97) nos alerta para "tomar cuidado com transcrições". O autor sugere que há riscos quando se passa do contexto falado de uma entrevista a uma transcrição digitada, como a produção de codificação superficial, descontextualização, esquecimento do que veio antes e depois da descrição do respondente e falta de compreensão sobre o que era a conversa como um todo. Como veremos mais tarde, essa mudança de meio está associada a determinados tipos de erros aos quais os pesquisadores devem estar atentos. Uma forma de correção nesse caso é voltar à gravação para verificar suas interpretações com base na transcrição. Você pode descobrir que ouvir a voz torna o sentido mais claro e até sugere diferentes interpretações. Mais do que isso, a maioria das transcrições só capta os aspectos falados da entrevista e não reflete o ambiente, o contexto, a linguagem corporal e a "sensação" geral da sessão. Mishler (1991) sugere um paralelo entre uma transcrição e uma fotografia. Uma fotografia é uma versão única, congelada, enquadrada, impressa e editada da realidade. O mesmo se aplica à transcrição. A questão não é se a transcrição é, em última análise, precisa, e sim se ela representa uma tentativa bem-sucedida e cuidadosa de captar alguns aspectos da entrevista. Sempre se discute a questão de converter fala em texto escrito. Poucas pessoas falam em prosa gramatical, de forma que o pesquisador deve decidir quanto daquilo que está na gravação deve ser transcrito. Como veremos posteriormente, há várias opções nesse caso, embora tenhamos que reconhecer que a transcrição nunca será completamente precisa.

Pode-se apresentar um argumento semelhante em relação à passagem de notas escritas à mão durante entrevistas ou trabalho de campo. Nesse caso, a transcrição geralmente envolve um "processamento" das notas. Essa é uma atividade criativa e não simplesmente uma reprodução mecânica. Ela envolve a expressão de notas como ideias, certos tipos de observações e assim por diante, além de representar o início da análise de dados. Discutirei essas questões mais detalhadamente no próximo capítulo.

RAZÕES PARA TRANSCREVER

Não é necessário transcrever toda e qualquer informação coletada no projeto para analisá-la. Alguns níveis e formas de análise podem ser realizados de forma bastante produtiva sem qualquer cópia das entrevistas, dos textos e observações coletados ou gravados. Na verdade, alguns pesquisadores defendem a análise direta de uma gravação em vídeo ou áudio, pois assim há mais probabilidade de olhar o todo e não se prender a detalhes do que foi dito. Isso é adequado para alguns tipos de análise, mas para outras, como análise de discurso ou conversação, uma transcrição detalhada é fundamental. Isso requer uma leitura cuidadosa do que foi registrado em uma gravação ou em anotações e proporciona uma versão de fácil leitura, que pode ser copiada quantas vezes for necessário. Ter uma transcrição também facilita o trabalho em equipe quando as tarefas devem ser compartilhadas e deve haver um consenso razoável em relação à interpretação dos dados. Uma versão em papel propicia a possibilidade de ler os textos e distribuir uma cópia para todos os envolvidos.

ESTRATÉGIAS PARA TRANSCREVER ENTREVISTAS

Há várias estratégias que podem ser adotadas durante o ato de transcrever. Por exemplo, é possível transcrever apenas partes da gravação e, para o resto, fazer anotações e usá-las para codificação e análise, ou mesmo codificar diretamente da gravação ou das anotações feitas à mão. Em alguns casos, você pode descobrir que sua lembrança de uma entrevista ou seu diário de pesquisa informa que, em determinado momento, o respondente se desviou do tópico e que, portanto, essas partes podem ser ignoradas. Essa opção certamente será mais rápida e também pode permitir que você se concentre nos temas mais amplos e não se prenda a palavras específicas. No entanto, há muitas desvantagens. Você pode descobrir que as partes que transcreveu perdem seu conteúdo e é difícil interpretar o que realmente querem dizer. Mais do que isso, as ideias que você tem no início da análise, que podem levar à decisão de quais partes devem ser transcritas, podem muito bem ser diferentes das que você desenvolve ao final do estudo.

NOMES

A convenção é colocar o nome da pessoa entrevistada, em maiúsculas, no início de cada fala (ou seja, cada resposta às perguntas do entrevistador). Colocar o nome em maiúsculas faz com que ele se destaque na página, mas também possibilita uma busca eletrônica para procurar o que o entrevistado disse somente quando seu nome é usado em outra parte da entrevista. Isso é particularmente útil em uma análise de discussões de grupos focais. Use o nome com o qual for mais fácil se lembrar dos entrevistados, geralmente, o nome próprio. A seguir, digite dois pontos e pressione espaço antes do texto propriamente dito, ou comece o texto em uma nova linha. Se estiver trabalhando com uma grande quantidade de entrevistas, poderá optar por indicar o sobrenome da pessoa, com nome e sobrenome (ou a primeira letra do sobrenome), como "MARIA C:", para distingui-la de outra com o mesmo nome próprio. Indique a fala do entrevistador da mesma forma. Use "E:" ou "EV:" ou "ENT:" no início, ou, se tiver vários entrevistadores e desejar distingui-los nas transcrições, use "E-JOÃO:", "E-CATARINA:", e assim por diante. Certifique-se de que todos os nomes estejam escritos de forma correta e constante, para que você possa usar a busca de seu processador de texto para anonimizar o texto e encontrar todas as falas da mesma pessoa em programas SADGs.

ANONIMIZAÇÃO

Como você vai acabar citando suas transcrições em seu relatório de pesquisa e pode até armazenar os dados em um arquivo público para que outros pesquisadores tenham acesso a eles, terá que pensar em como garantir a confidencialidade. Faça isso anonimizando os nomes de pessoas e lugares, para que seja seguro para os participantes (caso suas atividades sejam ilegais ou ilícitas) e para o pesquisador (p. ex., se você esteve investigando operações secretas ou grupos paramilitares). É mais fácil produzir uma cópia anonimizada imediatamente após a transcrição. Contudo, você pode concluir que é melhor realizar sua análise usando a versão não anonimizada, já que a familiaridade com nomes e lugares reais pode facilitar a tarefa.

Crie uma listagem, em um arquivo separado e mantido em um lugar seguro, de todos os nomes – pessoas, lugares, organizações, empresas, produtos – que foram alterados e substituídos. Use o localizador de seu processador de texto para encontrar cada nome e substitui-lo pela versão anonimizada. Certifique-se de fazer a busca pelos nomes por extenso dos respondentes ("Maria") se eles aparecerem nas entrevistas de outros respondentes, bem como nas versões em maiúsculas ("MARIA:") eventualmente usadas para identificá-los. Em geral é melhor usar pseudônimos simples em vez de lacunas, asteriscos e números de código, entre outros. Você ainda deverá ler a transcrição cuidadosamente para garantir que sinais mais sutis, mas óbvios, em relação a uma pessoa, lugar ou instituição não estejam evidentes. Se for armazenar seus dados em um arquivo, lembre-se de que terá que preservar e armazenar as versões originais, nãoautorizadas, junto com as versões acessíveis, anonimizadas.

NÍVEL DE TRANSCRIÇÃO

Observei acima que o ato da transcrição é uma mudança de meio e, portanto, envolve necessariamente a transformação dos dados. Há vários graus em que se pode captar o que está na gravação de áudio (ou em suas anotações à mão), sendo necessário decidir o que é adequado para o propósito de seu estudo. Às vezes, um simples esboço do que foi dito já é suficiente. Geralmente é isso o que ocorre em pesquisas sobre políticas, organização e avaliação, em que o conteúdo factual mais destacado daquilo que as pessoa disseram é suficiente para a análise.Entretanto, a maioria dos pesquisadores interessados pelo menos na interpretação dos respondentes acerca de seu mundo precisa de mais detalhes do que isso. Eles esperam um texto transcrito que pareça um texto normal e seja uma boa representação das palavras empregadas. Isso pode parecer simples, mas, mesmo aqui, há decisões a serem tomadas. A fala contínua muito raramente vem na forma de sentenças bem construídas. As pessoas interrompem uma linha de pensamento no meio da frase e muitas vezes a retomam sem seguir as regras gramaticais usadas na escrita. E há todos os tipos de características que não costumam ser captadas pela prosa escrita (ver Quadro 2.1).

Assim, você pode sentir uma tendência a "arrumar" a fala delas. A necessidade de fazer isso dependerá do propósito de seu estudo. Transcrições organizadas e gramaticais são mais fáceis de ler e, portanto, de analisar.

QUADRO 2.1 CARACTERÍSTICAS DE CONVERSAÇÃO

Abreviações (p. ex., "né", "tá", "tá bom", etc.), às vezes inseridas por extenso pelos transcritores.

Cacoetes verbais, como ah, hum, ahã, muitas vezes ignorados, mas outros, como "entende?", "sabe?" e "então", geralmente são incluídos.

Pausas. Cortadas ou simplesmente representadas por reticências (...).

Repetições (p. ex., "quer dizer", "quero dizer", "o que eu quero dizer é que", queria dizer, isso é um problema) podem ser representadas simplesmente como "isso é um problema".

Adaptado de Arksey e Knight (1999, p. 146).

Se seu estudo não está muito preocupado com os detalhes de expressão e uso de linguagem e está mais voltado ao conteúdo factual do que foi dito, a organização é aceitável. Por outro lado, claramente se perde a sensação de como os respondentes estavam se expressando e, se isso for importante para seu estudo, você terá que tentar captar isso na transcrição. O lado negativo é que fica mais difícil realizar a digitação propriamente dita. Um dilema semelhante surge quando os respondentes falam com um sotaque forte ou usam dialeto. A prática mais comum nesse caso é reservar todas as palavras do dialeto e os termos e expressões gramaticais regionais, mas não tentar captar o som verdadeiro do sotaque mudando a ortografia das palavras. É importante manter uma ortografia padronizada e consistente se você vai usar as funções de localização do *software* para ajudar na análise (ver o Capítulo 9). É mais difícil encontrar todo o texto que se está procurando se os termos não forem escritos de forma consistente. Isso é importante em caso de uso da busca por computador. O Quadro 2.2 dá alguns exemplos de diferentes estilos de transcrição.

QUADRO 2.2 EXEMPLOS DE DIFERENTES NÍVEIS DE TRANSCRIÇÃO

Só a essência
"90% da minha comunicação é com o (...) diretor de vendas. 1% da comunicação dele é comigo. Eu tento estar um passo à frente, deixo as coisas prontas (...) porque ele pula de um (...) projeto para outro. (...) Hoje de manhã fizemos Essex, hoje de tarde fizemos BT e ainda não terminamos Essex." ((...) indica fala omitida)

Literal
"Eu não tenho certeza. Tenho a sensação de que eles podem deixar as emoções aparecerem melhor. Acho que o luto é parte da sua religião ou cultura. Eles tendem a ser mais religiosos, de qualquer forma. Eu não sou de família religiosa, então não conheço esse lado da coisa."

Literal, com fala coloquial
"Bom (...) na primeira vez que eu vi (...) eu ainda 'tava no colégio, eu tinha quinze anos (...) e (...) o me'rmão ti'a ido p'ro exército (...) e a mi'a mãe e meu pai disseram que não 'tava funcionando, eu morando em casa (...) e (...) sei lá (...) nem sei mesmo porque eles decidiram me mandá' embora, mas mandaram e eu acabei morando com o meu primo."

Nível de discurso
Bashir: A senhora alguma vez (.) o ajudou pessoalmente a escrever este livro (0.8)
Princesa: Muita gente.hhh ((limpa a garganta)) via os problemas na minha vida. (.) e eles achavam que era uma coisa prestativa ajudar (0.2) da forma como fizeram.

Adaptado de Silverman (1997, p. 151).

Em alguns casos, por exemplo, se você está realizando uma análise de discurso ou uma análise de conversação, é necessária uma transcrição ainda mais detalhada. A fala natural não apenas é nãogramatical (pelo menos pelas convenções escritas), mas também está repleta de outros fenômenos. As pessoas hesitam, enfatizam palavras e sílabas, sobrepõem sua fala às de outras e levantam e abaixam o volume e o tom para dar sentido ao que estão dizendo. Se for necessário registrar essas características, há várias convenções para transcrição que devem ser seguidas. Uma das mais usadas é o sistema de Jefferson (ver Atkinson e Heritage, 1984), e um sistema semelhante pode ser encontrado em Silverman (1997, p. 254; ver também Rapley, 2007; Kvale, 2007).

REALIZAÇÃO DA TRANSCRIÇÃO

O PESQUISADOR

A escolha de quem deveria fazer a transcrição geralmente se resume a você mesmo, o pesquisador, ou outra pessoa paga para isso. Apesar da natureza da atividade, que pode ser monótona, especialmente se você não é bom digitador, há vantagens em fazer sua própria transcrição. Isso oferece a oportunidade de iniciar a análise de dados. Escutar as gravações com cuidado e ler e conferir a transcrição produzida faz com que você se familiarize muito com o conteúdo. Inevitavelmente, você começa a gerar novas ideias sobre os dados. Mesmo assim, os pesquisadores geralmente fazem suas próprias transcrições porque não têm escolha. Eles não dispõem de fundos para contratar um digitador de áudio ou o conteúdo da gravação não possibilita que outra pessoa faça isso. Por exemplo, as entrevistas podem ser sobre um assunto altamente técnico ou, o que costuma acontecer com trabalho antropológico, em uma linguagem que poucas pessoas conseguem entender.

Se você mesmo estiver transcrevendo as gravações, tente, se possível, usar uma máquina de transcrição adequada, ou seja, um toca-fitas que execute cassetes de áudio normais e não os minicassetes do tipo usado nas máquinas de ditado, já que os pesquisadores qualitativos geralmente usam fitas cassete para digitar entrevistas. Os aparelhos de transcrição têm dois recursos que os tornam superiores a um toca-fitas normal. Eles têm um controle de pé que permite que você pare a fita sem usar as mãos, o que é muito útil se você digita sem olhar para o teclado. Em segundo lugar, quando a fita for acionada novamente depois de uma pausa, terá voltado um pouco e recomeçará antes do lugar em que você pausou. Geralmente, a quantidade desse retorno pode ser regulada para se ajustar à velocidade e à precisão de sua digitação, bem como à dificuldade de entender o que está na fita. Se usar um toca-fitas comum, você vai se sentir constantemente frustrado por ter que voltar a fita um pouco sempre que parar. É possível substituir a máquina de transcrição por programas de computador se você estiver usando sistemas digitais (ver Quadro 2.3).

DIGITADOR DE ÁUDIO

Empregar outra pessoa para fazer a transcrição, se você puder pagar por isso, é uma boa opção, principalmente se as gravações forem de fácil compreensão ou as notas e os documentos que precisam de transcrição forem fáceis de ler. Será melhor se o digitador tiver algum conhecimento do tema e do contexto das entrevistas. Certifique-se também de que ele conhece o nível de transcrição necessário. Confira seu trabalho no início para ter certeza de que está no formato desejado. Independente da pessoa

---

QUADRO 2.3 GRAVAÇÕES DIGITAIS

Uma alternativa recente ao uso da máquina de transcrição é digitalizar a gravação (geralmente para um formato MP3) e executá-la no computador enquanto digita. Há bons programas gratuitos que possibilitam controle da execução à medida que o texto é digitado. Por exemplo, um programa permite que você digite em uma caixa de texto enquanto escuta a fita e depois pause e reinicie a fala usando uma tecla de função. A vantagem da digitalização é que a pausa é instantânea e as palavras não são perdidas quando recomeça a execução, havendo pouca necessidade de retornar. Outro programa permite dividir a fala em frases curtas, que são mais fáceis de controlar enquanto se transcreve.

No momento, a dificuldade desse sistema é digitalizar a gravação. É necessário equipamento que dê conta disso – uma placa de som e os conectores adequados em seu computador – e o programa que digitalize a gravação. Além disso, a digitalização é em tempo real, ou seja, uma hora de gravação vai levar uma hora no computador para a digitalização, ainda que, uma vez iniciada, você poderá deixar que o computador a faça. Na verdade, se essa abordagem parece atrativa, você pode evitar totalmente o processo de digitalização usando um gravador de voz digital. Alguns deles são elaborados para aceitar ditado, enquanto outros são desenvolvidos para gravar e tocar músicas, mas também têm microfones. Se você usa um aparelho que grava em formato MP3, é possível simplesmente baixar a gravação diretamente do computador e usar os programas de transcrição recém-descritos (caso contrário, pode ser necessário converter o arquivo digital para MP3).

Se sua fonte original for vídeo digital, embora não haja necessidade de digitalizar, pode ser necessário converter o som para, por exemplo, o formato MP3, para executá-lo em seu programa de transcrição. Outra questão desse caso é que você pode desejar preservar a associação de tempo entre as imagens e o som e a transcrição, quando terá que usar programas dedicados à análise e/ou transcrição de vídeo.

escolhida, será necessário conferir o documento produzido em relação à gravação ou texto original para eliminar erros. Contudo, isso não significa tempo perdido, já que, vale repetir, ler a transcrição (e ouvir a gravação) são oportunidades para iniciar a análise.

Não se esqueça de que o digitador estará ouvindo ou lendo seus dados. Como nos lembram Gregory, Russell e Phillips, eles são pessoas "vulneráveis" (Gregory et al., 1997). Se o conteúdo de seus dados for consideravelmente emocional ou delicado, pode ser interessante incluir seus transcritores no âmbito de suas considerações éticas e oferecer um pouco de informação como auxílio.

PROGRAMAS DE RECONHECIMENTO DE CARACTERES E VOZ

Nos últimos anos, duas novas tecnologias disponíveis se tornaram úteis no processo de transcrição. Se você tem alguns documentos digitados ou impressos dos quais precisa fazer uma cópia eletrônica, os programas de reconhecimento ótico de caracteres (*Optical Character Recognition*, OCR) usados com um *scanner* podem ajudar. Se a cópia original em papel for de boa qualidade e as fontes usadas forem comuns, como *Courier* para texto normal, o programa funciona bem para produzir arquivos em processador de texto a partir de cópias impressas. Salve seu material como texto simples, já que a diagramação e as fontes, entre outros aspectos, que o texto formatado apresenta raramente têm muita relevância para sua análise.

Uma tecnologia mais recente que às vezes é empregada por pesquisadores qualitativos é a dos programas de reconhecimento de voz, que captam a fala em um microfone especial, de alta qualidade, e a convertem em um arquivo de processador de texto. O programa pode ser usado com fala natural e também pode operar com versões do inglês, como o do Reino Unido, do sudeste da Ásia e da Índia, bem como alguns outros idiomas, como o espanhol.

No entanto, sempre é necessário ser treinado para reconhecer a fala de um usuário específico, e é preciso haver uma boa qualidade de som. Por essas razões, não pode ser usado diretamente em gravações de entrevistados nem em gravações de grupos focais, em especial. Todavia, alguns pesquisadores engenhosos já instalaram um toca-fitas com fones de ouvido nos quais podem ouvir a gravação. Enquanto o gravador funciona, eles pausam após cada frase e ditam o conteúdo ao programa de reconhecimento de voz, como se fossem um tradutor consecutivo. A precisão pode variar, mas geralmente é suficiente para um primeiro esboço de transcrição que depois pode ser conferido com a fita. O reconhecimento de fala é uma tarefa muito intensa do ponto de vista da computação, e todos os programas demandam computadores bastante potentes. Verifique esse aspecto antes de comprar.

PRECISÃO

Independente da forma como é produzida, por OCR, reconhecimento de voz ou digitação humana, a transcrição deverá ser conferida com o original. Os erros ocorrem por uma série de razões. Em primeiro lugar, há os erros simples de digitação, erros de ortografia, e assim por diante. A maioria deles pode ser identificada por meio do corretor ortográfico e gramatical incluído na maior parte dos processadores de texto. Entretanto, na maioria dos casos será interessante gravar exatamente o que o respondente disse, mesmo que seja em linguagem nãogramatical. Outros erros, com frequência mais prejudiciais, ocorrem porque o transcritor entendeu mal o que foi dito na fita. Às vezes, isso acontece porque a gravação foi feita em um lugar barulhento ou foi gravado o som do mecanismo de gravação e tornou-se difícil entender o que foi dito. Na conversação presencial, as pessoas conseguem filtrar muito bem esses ruídos, mas as gravações não o fazem, gerando mais dificuldades de ouvir o que está no fundo. Contudo, mesmo quando o som é bom, há muitos casos em que o transcritor ouviu uma coisa quando o respondente disse outra. Para ouvir exatamente o que foi dito, são necessárias compreensão e interpretação. Às vezes, ouve-se o som correto, mas a interpretação é equivocada, como no quadro clássico do comediante britânico Ronnie Barker sobre a confusão entre *"four candles"* e *"fork handles"*.* Muitas vezes, contudo, é no processo de interpretação que se ouve alguma coisa diferente do que foi dito. A Tabela 2.1 lista alguns dos erros de interpretação encontrados por um pesquisador canadense que usou digitadores de áudio para transcrever entrevistas sobre atividades sindicais.

Várias medidas podem ser tomadas para minimizar esses erros. Pode ser útil obter a melhor qualidade de som possível, de forma que é recomendável o uso de um bom equipamento. No entanto, não importa quão alta seja a qualidade do som, sempre será necessário interpretar e compreender o que foi ouvido. A melhor maneira de reduzir essas falhas potenciais é ter certeza de que o transcritor entendeu o contexto e o tema que está transcrevendo e de que está acostumado com o sotaque, a cadência e o ritmo das pessoas que falam. Nesse sentido, os transcritores podem precisar de treinamento para se familiarizarem com o tema. Essa é uma das maiores vantagens de realizar sua própria transcrição. Você conhecerá o contexto da entrevista e, espero, estará familiarizado com o tema.

Você também deve usar seu processador de texto para verificar a ortografia. Não apenas as palavras comuns devem ser digitadas corretamente,

---

* N. de R. *Four Candles* significa "quatro celas", enquanto *fork handles* significa "suporte para ancinho". No inglês britânico, a pronúncia de ambas expressões é idêntica, dificultando a distinção sem um contexto adequado.

TABELA 2.1 Exemplos de erros de transcrição

Frase transcrita	O que o entrevistado realmente disse
Interpretações aleatórias	
negociação convertida	negociação coletiva
se os campos	esses campos
relatado	relacionado
formas artificiais de entendimento	formas superficiais de entendimento
e o	e/ou
genuinamente	geralmente
propaganda ou não	propaganda oral
subentendido	substituído
comitê exclusivo	comitê executivo
Sentidos opostos	
eu quis	não quis
faz todo sentido	faz pouco sentido
há uma previsão para assistência	há uma provisão para assistência
normal	formal
nada mais é impossível	nada mais é possível
não há uma ação distinta	não há uma facção distinta

Adaptado de um *e-mail* de Carl Cuneo, 16 de junho de 1994, QUALRS-L Listserv.

mas nomes próprios, termos de linguagem coloquial e jargão também devem ter uma ortografia coerente. Isso quer dizer que se você estiver usando programas para ajudar sua análise, poderá usar o mecanismo de localização sem ter que se preocupar com ortografias alternativas.

IMPRESSÃO DA TRANSCRIÇÃO

Mesmo que pretenda usar um SADQ (*software* de análise de dados qualitativos) para gravar toda a sua análise, ainda pode ser interessante imprimir suas transcrições, porque será mais fácil de conferi-las. É possível mostrá-las aos respondentes para verificação e para análise na cópia impressa. Uma coisa que deve ser decidida em relação a essa etapa é se você vai usar um SADQ para sua análise principal ou para a obtenção de um registro definitivo dela, principalmente sua codificação. Em algum desses casos, é preciso garantir que suas cópias impressas sejam as mesmas do texto que aparece na tela quando você importar as transcrições para o seu SADQ. Assim, você facilita a transferência para o *software* de qualquer anotação efetuada nas transcrições. Nesse caso, é melhor importar suas transcrições para o SADQ e usar o programa para imprimi-las.

Se você não pretende usar um SADQ, é possível imprimir diretamente de seu processador de texto. Três aspectos devem ser considerados:

1. **Números de linhas.** Se deseja que suas transcrições mostrem os números de linha (algumas abordagens recomendam, p. ex., para referência cruzada), use seu processador de texto para tal. A maioria deles tem uma opção para fazer isso automaticamente – não é necessário um procedimento manual (p. ex., no Word 2007, clique no painel "*layout* de página" e, em seguida, "número de linhas", e então, marque a opção "contínuo". No Word 2003 é necessário clicar em "arquivo", "configurar página" e na caixa de diálogos que se abrir selecionar o painel "*layout*" e então clicar na opção "número de linhas…" no canto inferior esquerdo, escolhendo as opções desejadas. Os números de linhas só serão visualizados, na tela, quando a exibição de texto escolhido por a de "*layout* de impressão"). Importante: se estiver usando um SADQ, use esse programa para inserir números de linha. Não faça isso no processador de texto antes de importar os arquivos para seu trabalho.
2. **Margens.** Deixe margens amplas nas folhas, para anotar e indicar ideias de codificação. A maioria das pessoas deixa uma margem ampla à direita. Use a configuração de margens em seu processador de texto (p. ex., no Word 2007, clique no painel "*layout* de página" e, na seção "configurar páginas", clique em "margens". No Word 2003 é necessário clicar em "arquivo", "configurar página" e na caixa de diálogos que se abrir selecionar o painel "margens").
3. **Espaçamento entre linhas.** Deixe o texto em espaço duplo (ou 1,5). Isso também proporciona espaço para sublinhar, fazer comentários e circular o texto. (Selecione todo o texto. No Word 2007, clique no painel "início" e na seção "parágrafo". Clique, então, no ícone "espaçamento entre linhas", para escolher o espaçamento desejado. No Word 2003 é necessário clicar em "formatar", "parágrafo" e na caixa de diálogos que se abrir selecionar a caixa de opções "entre linhas", para escolher a opção desejada.)

✓ DADOS DA REDE

Uma forma de evitar a maioria dos problemas associados à transcrição é coletar seus dados via Internet. Todos os dados textuais que puderem ser coletados pela Internet, por exemplo, mensagens de correio eletrônico, páginas, diálogos em salas de bate-papo, arquivos comerciais de notícias e outros do gênero já vêm em formato eletrônico, sem que seja necessário transcrevê-los. A maioria dos *e-mails* ainda está em formato de texto, de forma que não há problema em usar mensagens assim. Entretanto, é importante manter também a informação do cabeçalho, para que se saiba de quem é a mensagem, a quem foi enviada e qual era o assunto. Alguns sistemas de correio eletrônico são encadeados, ou seja, as mensagens sobre o mesmo assunto estão ligadas cronologicamente. Você pode querer manter o encadeamento em seus arquivos para análise, por exemplo, colocando todas as mensagens conectadas no mesmo arquivo, em ordem cronológica.

As páginas da Internet apresentam um problema diferente. Elas não são escritas em formato de texto, e sim em linguagem de marcação de hipertexto, HTML, para que possam ser exibidas formatadas nos navegadores. Elas também podem incluir vários elementos de multimídia, como imagens, sons e filmes. Você deve decidir se precisa apenas do texto, caso em que poderá salvar as páginas em formato de texto (uma opção no menu Arquivo: Salvar como...), ou se deseja salvá-las como páginas html (ou como arquivos html), incluindo os elementos de multimídia. A maioria dos SADQS pode importar e codificar arquivos em formato de texto. Poucos podem dar conta de itens de multimídia complexos, como páginas, sons e vídeo, e, entre os que conseguem, poucos são capazes de fazer a codificação direta desses itens. O programa que você terá disponível pode limitá-lo a analisar o texto, sendo necessário examinar os itens de multimídia de outras formas. As páginas da internet também costumam conter *links* para outras páginas, sendo um exemplo excelente de intertextualidade, conexão e interdependência entre documentos. Portanto, é discutível se o significado de uma página é indicado somente pelo conteúdo da própria página ou se é recomendável incluir algumas ou todas as páginas ligadas pelos *links*. Salvar um *site* como arquivo html pode ser uma opção, embora isso possa impossibilitar lidar com todos os *links* relevantes, como os que levam a sites externos, o que dificulta o uso do SADQ.

Em alguns casos, como quando são usados arquivos comerciais de notícias, mesmo que você converta os arquivos a formato de texto, pode ser necessário realizar algum tipo de processamento e filtragem para eliminar material supérfluo e irrelevante. O processo de seleção pode não ser seletivo o suficiente, como Seale percebeu quando fazia pesquisa em um arquivo comercial de notícias sobre câncer (Seale, 2002). Vários arquivos recebidos eram sobre astrologia e o signo de Câncer, e não sobre a doença em que ele estava interessado.

METADADOS

Basicamente, metadados são dados sobre dados. No contexto de preparação de dados, há duas formas importantes de metadados que devem ser consideradas. Em primeiro lugar, há informações sobre suas entrevistas e anotações, entre outros, que registram sua origem, um resumo de seu conteúdo e de quem está envolvido. Em segundo, vem a informação sobre os detalhes de seus dados que devem ser arquivados, por exemplo, como o estudo foi realizado e as informações biográficas sobre seus respondentes.

As informações sobre a proveniência de um documento são mantidas no resumo do documento ou na folha de rosto (assim chamada porque, quando as transcrições foram digitadas, esses dados foram mantidos em uma folha de papel separada, no início do documento). Se você estiver gerando transcrições eletrônicas (como arquivos de processador de texto), é fácil incluir essa informação no início de seu arquivo. Conteúdos comuns são listados no Quadro 2.4.

PREPARAÇÃO DE ARQUIVOS

Em alguns casos, pode ser útil depositar seus dados em um arquivo, para que outras pessoas possam usar seu trabalho e, possivelmente, reanalisá-lo. No Reino Unido, há uma organização, a Qualidata, *Qualitative Data Archival Resource Centre*, do ESRC (*Economic and Social Research Council*) que pode oferecer assessorial nessa tarefa. Sua página na internet, (http://www.esds.ac.uk/qualidata/), contém orientação detalhada sobre o que deve ser feito. Como já mencionado acima, você terá que anonimizar as transcrições, mas geralmente os arquivos também requerem originais sem que estejam anonimizados, bem como detalhes sobre como o processo de anonimização ocorreu. Os usuários secundários de dados são obrigados a manter o anonimato como você. Se o material for particularmente delicado, você pode proibir ou limitar o acesso a ele por um determinado período.

Os arquivos geralmente necessitam de todos os materiais extras usados, o que inclui informações como folhas de rosto recém-discutidas e notas de

---

QUADRO 2.4 CONTEÚDOS COMUNS EM DOCUMENTOS DE METADADOS

Resumo ou descrição do documento

Geralmente, isso resumiria as informações sobre uma entrevista e incluiria (conforme apropriado):

- Data da entrevista
- Detalhes biográficos sobre o entrevistado
- Tema e circunstâncias da entrevista
- Nome do entrevistador
- Fonte das notas de campo relevantes ao entrevistador
- Documentos relacionados (p. ex., entrevistas anteriores e posteriores)
- Fonte do documento (referência completa)
- Ideias iniciais para análise
- Pseudônimo da pessoa entrevistada e outras referências de anonimização

campo e outros documentos impressos que você tenha coletado junto com detalhes de sua estratégia de amostragem, seu calendário de entrevistas e outras documentações relacionadas. Podem ser necessários tempo e esforço para colocar todos esses materiais em um estado adequado para arquivamento. Se for necessário arquivar seus dados (como é o caso de projetos financiados pelo ESRC), certifique-se de reservar recursos para isso (ver Rapley, 2007).

☑ PONTOS-CHAVE

- A maioria dos dados qualitativos é transcrita em texto digitado (ou em processador de texto). Isso porque os analistas acham mais fácil trabalhar com cópias digitadas do que com anotações feitas à mão, gravações de áudio ou vídeo. Entretanto, a transcrição envolve uma mudança de meio e, assim, um grau de transformação e interpretação dos dados.
- Uma consequência disso é que você deverá decidir qual nível de transcrição usar; se deseja transcrever cada pausa, ênfase, mudança de tom e fala sobreposta, assim como cada palavra dita, ou se uma apresentação menos detalhada é suficiente para seu propósito.
- Sempre é melhor realizar sua transcrição pessoalmente, pois já conhece bem o tema e tem menos probabilidade de cometer erros, mas também porque isso representa uma oportunidade de começar a pensar em sua análise. Atualmente existem algumas tecnologias novas, como programas de OCR e reconhecimento de voz, que podem tornar a tarefa mais fácil. Entretanto, se você tiver recursos, é possível pagar uma pessoa para fazer a transcrição.
- De qualquer forma, a precisão da transcrição é importante. É preciso verificar sua própria digitação ou a que foi feita por seu transcritor. É muito fácil cometer erros que podem mudar radicalmente o sentido.
- Uma forma de evitar a necessidade de muita transcrição é coletar seus dados pela Internet. Dados de *e-mails*, salas de bate-papo, páginas da redet, blogs e sites semelhantes significam que outra pessoa fez o trabalho de digitação para você. Contudo, ainda pode ser necessário fazer algum tipo de processamento para converter os dados na forma adequada para sua análise ou necessária para o seu SADQ.

☑ LEITURAS COMPLEMENTARES

As seguintes obras contêm informações mais detalhadas sobre esta breve introdução.

Bird, C.M. (2005) *How I stopped dreading and learned to love transcription*: Qualitative Inquiry, 2005.

Kvale, S. (2007) *Doing Interviews* (Book 2 of *The SAGE Qualitative Research Kit*). London: Sage.

Park, J. and Zeanah, A. E. (2005) *"An evaluation of voice recognition software for use in interview-based research: a research note"*, Qualitative Research, 5(2): 245-51.

Poland, B. D. (2001) *"Transcription quality"*, in J. F. Gubrium and J. A. Holstein (eds.), Handbook of Interview Research: Context and Method. Thousand Oaks, CA: Sage, p. 629-49.

Rapley, T. (2007) *Doing Conversation, Discourse and Document Analysis* (Book 7 of *The SAGE Qualitative Research Kit*). London: Sage.

3

ESCRITA

Objetivos do capítulo

Após a leitura deste capítulo, você deverá:
- entender o papel da escrita como parte da análise;
- conhecer os três tipos de produção escrita que costumam ser usados na análise qualitativa: o diário de pesquisa, as notas de campo e os memorandos;
- saber mais sobre seu papel no aprofundamento de seu pensamento analítico;
- perceber a necessidade de escrever no decorrer de seu projeto, para que no momento da produção de redação final você já tenha escrito bastante material, que pode simplesmente ser incorporado a ela.

Independentemente da orientação metodológica de cada um, todas as pessoas que escrevem sobre análise qualitativa concordam quanto à importância de anotar as informações, seja simplesmente jogando ideias, coletando notas de campo ou criando um relatório de seu trabalho. Não há substituto, ao longo de todo o período de análise, para escrever sobre os dados coletados e usar a escrita como forma de desenvolver ideias sobre o que os dados indicam, como podem ser analisados e quais interpretações podem ser feitas. Consequentemente, este capítulo está no início do livro por duas razões:

1. Não é uma boa ideia deixar todos os aspectos relacionados à redação para o momento de escrever o trabalho final. Comece a escrever assim que puder. Escrever enquanto trabalha na coleta de dados e na análise faz com que você assente suas ideias e percepções, mesmo com uma alta probabilidade de que esses pensamentos venham a ser bastante alterados à medida que você avança no projeto. Você pode se sentir tentado a se limitar a anotações por só ter tempo para isso, mas tente evitar deixar as ideias somente na forma de notas.
Volte e as redija em forma de narrativa assim que puder, de preferência em um processador de texto ou em seu SADQ. Faça a mesma coisa com qualquer informação que anotar. Isso porque:
   - As anotações que fazem sentido quando você as coloca no papel podem não dizer muito quando você voltar a elas meses, se não anos, depois.
   - Escrever é pensar. É natural acreditar que você tem que ter clareza sobre o que está tentando expressar antes que possa escrever. Entretanto, na maior parte do tempo, é o caso contrário. Você pode pensar que tem uma ideia clara, mas só quando você anotá-la é que pode ter certeza disso (infelizmente, às vezes, chega à conclusão de que não tem certeza alguma). A necessidade de comunicar suas ideias é um teste excelente para ver até onde você tem uma compreensão clara e o quão coerentes são suas ideias. Escrever é uma forma ideal de fazer as coisas. Veja a Tabela 3.1 para saber mais sobre boas práticas em escrita.
2. Em um sentido muito real, colocar suas anotações em formto de texto e escrever a descrição narrativa final de seu trabalho são, principalmente na pesquisa qualitativa, partes centrais da própria análise. Muito da análise qualitativa envolve interpretação. Você deve elaborar a partir do que está acontecendo, o que as coisas significam e por que elas estão acontecendo. Você começa com um monte de palavras, imagens, sons e vídeos. Todos são significativos, mas é necessário interpretá-los e expressá-los novamente de uma maneira condizente aos respondentes, informantes e contextos investigados,

TABELA 3.1 Duas regras de ouro

(a) Escreva logo e com frequência; (b) não se preocupe com a precisão, mas com o registro escrito.

A regra de "escrever logo e com frequência" funciona porque:

1. Quanto mais você escreve, mais fácil fica.
2. A escrita diária se torna um hábito.
3. Pequenos trechos escritos compõem textos volumosos. Desmembre a escrita em pequenos blocos. Escreva 100 palavras sobre X, 200 palavras sobre Y e, depois, arquive-as de forma segura. Tudo contribui e soma.
4. Quanto mais tempo você deixar algo sem registro escrito, mais difícil se torna o entendimento.

A regra de "não se preocupar com a precisão, mas com o registro" funciona porque:

1. Até que esteja no papel, ninguém pode lhe ajudar a fazer certo. Faça uma primeira versão, mostre-a às pessoas, reescreva.
2. As primeiras versões são fundamentais para clarear as ideias.
3. Comece a escrever a parte que estiver mais clara em sua cabeça: não a introdução, mas o Capítulo 4, os anexos ou os métodos. Ao escrever esses esboços, outras partes ficarão mais claras aos poucos.
4. Os esboços revelam, como nenhum outro elemento, as partes onde "a coisa" (ainda) não está clara.

Adaptado de Delamont e colaboradores (1997, p. 121).

e, ao mesmo tempo, que informe e explique coisas aos leitores de seus relatórios.

DIÁRIO DE PESQUISA

Muitos pesquisadores mantêm um diário ou um caderno de notas no qual registram suas ideias, discussões com colegas, noções sobre o próprio processo de pesquisa e qualquer outra informação pertinente ao processo como um todo e à análise de dados. Essa é uma boa ideia para qualquer pesquisador em qualquer etapa do caminho. Para alguns, o diário é um documento muito pessoal e reflete sua própria "trajetória" ao longo da pesquisa. Para outros, é um documento muito mais amplo, mais como o que alguns chamam de diário de campo ou diário de pesquisa, que inclui um comentário cotidiano sobre os rumos da coleta de dados e percepções, ideias e inspirações sobre a análise. Você pode usar um formato de diário (tamanho grande, uma página por dia), um diário com folhas soltas ou – o que prefiro – um volume grande, encadernado. Use-o para registrar dados como:

- o que você fez e onde, como e por que o fez, com datas, possivelmente uma indicação de tempo gasto (para que você possa melhorar a administração de seu tempo);

- o que você lê (como um registro que contribuirá para sua revisão da literatura, bem como para sua análise),
- resumos de contatos sobre quais pessoas, eventos ou situações estiveram envolvidos, quais foram os principais temas ou questões nos contatos, novas teorias geradas e quais novas perguntas seu próprio contato pode responder;
- quais dados você coletou, como foram processados e quais foram os resultados;
- realizações, impasses ou surpresas específicos (p. ex., quando um episódio confuso subitamente ficou claro ou quando você consegue finalmente ver como uma determinada teoria ajuda a explicar a situação em análise);
- o que você pensa ou sente em relação ao que está acontecendo – no campo e em sua análise (p. ex., se acha que sua análise é agressiva ou forçada ou se acredita que haja algum aspecto do contexto que está investigando do qual não tem uma compreensão adequada);
- quaisquer pensamentos que venham à tona que possam ser relevantes para sua pesquisa (particularmente novas visões que possam surgir de sua leitura da literatura, ou mesmo de novos elementos que ajudem a perceber novas conexões);
- qualquer outra coisa que possa influenciar o estudo, principalmente pensamentos sobre os rumos futuros de sua coleta de dados e análise.
(Adaptado de Miles e Huberman, 1994, p. 50-54; Cryer, 2000, p. 99)

NOTAS DE CAMPO

As notas de campo são anotações contemporâneas realizadas no ambiente da pesquisa (ver Angrosino, 2007). Em parte, são notas mentais (para lhe ajudar a se lembrar de quem, o que, por que, quando, onde, etc.) e podem ser produzidas enquanto ainda se está em campo ou imediatamente após sair dele, para registrar palavras, frases ou ações fundamentais de pessoas em investigação. As notas de campo estão associadas à etnografia e à observação participativa, nas quais são mais usadas, sendo uma técnica fundamental para a coleta de dados. O desenvolvimento dessas notas com interpretação, reexpressão e aproveitamento para criar relatórios finais e gerar exemplos nesses relatórios é um processo fundamental na análise de dados em etnografia. Há várias características importantes das notas de campo:

- Não são planejadas nem estruturadas. Geralmente, são abertas, amplas e frequentemente desordenadas e confusas.
- São uma forma de representar um evento, relatando aspectos relacionados e não o evento em si, sendo assim, interpretações do mundo. Para

criar notas de campo, deve-se ser seletivo. Procure identificar algumas coisas importantes para seu trabalho ou para as pessoas envolvidas.
- São descrições sobre o que as pessoas disseram e fizeram, e não simplesmente um registro dos fatos. As descrições não apenas "espelham" a realidade. Segundo Emerson e colaboradores (2001, p. 353), "a escrita descritiva corporifica e reflete determinados propósitos e compromissos, além de envolver processos ativos de interpretação e produção de sentido".
- Com o tempo, especialmente quando foram desenvolvidas, elas se acumulam em um corpo, um acervo de escrita que formará a base para sua análise qualitativa e fornecerá exemplos para seus relatórios.

Embora as notas de campo estejam geralmente associadas à etnografia, pequenas notas também podem ser reunidas por pesquisadores que estejam usando abordagens como grupos focais e entrevistas. Esses pesquisadores muitas vezes fazem anotações sobre suas experiências com a coleta de dados. Por exemplo, os que fazem entrevistas podem fazer anotações sobre as condições da sessão (quem estava lá, além do entrevistador e do entrevistado, onde ocorreu, se o entrevistado estava relaxado ou, por alguma razão, apressado ou distraído) bem como apontar alguma interrupção (crianças que entravam, alarme de incêndio que disparou, telefone tocando, etc.). Alguns pesquisadores não confiam totalmente em seus gravadores e fazem anotações sobre o que foi dito e qualquer outra informação de destaque (gestos, linguagem corporal, expressões, comportamento). Uma experiência comum de pesquisadores que gravam as entrevistas em fita é que os entrevistados oferecem muito mais informações, por vezes confidenciais e reveladoras, depois que o gravador é desligado. Para tentar registrar isso, os pesquisadores devem se lembrar do que foi dito e anotar na primeira oportunidade (sentados em seu carro depois de se despedir do entrevistado, na parada de ônibus, etc.).

CRIAÇÃO DE NOTAS DE CAMPO

Você deve criar essas anotações o mais rápido possível, antes que as palavras e os eventos enfraqueçam em sua memória. Esse processo de redação é, na verdade, o primeiro passo em sua análise qualitativa. Ao fazer isso, você deve diferenciar:

- O registro do que aconteceu, ou seja, a descrição de coisas que ocorreram.
- O registro de suas próprias ações, perguntas e reflexões sobre o que aconteceu.

Existe um debate sobre se é necessário manter esse tipo de nota em um local separado ou não. Alguns pesquisadores gostam de separar dados primários de comentários, reflexões, ideias analíticas e assim por diante. Por exemplo, os formuladores da teoria fundamentada (ver Capítulo 4) sugerem que deve haver uma separação estrita entre dados primários, como entrevistas, e comentários e análises que são mantidos em memorandos, discutidos posteriormente (Glaser e Strauss, 1967). Outros, reconhecendo que nem mesmo os dados primários das notas de campo são livres de valores e incorporam vieses, perspectivas e teorias que refletem o ponto de vista do analista, preocupam-se menos com manter essas coisas separadas. O quanto você será rígido a esse respeito vai depender de sua própria posição sobre essas questões. Entretanto, é útil lembrar a distinção e reconhecer que, até certo ponto, ela é produto da interpretação.

Essa última visão está associada a uma filosofia construtivista de pesquisa, mas também reflete uma abordagem comum entre etnógrafos que reconhecem não poder afirmar objetividade irrefletida no que escrevem. Isso significa não apenas que os pesquisadores devem tomar cuidado com a adoção de uma voz de autor autoritária e absoluta, mas também com o fato de que seus escritos podem, e talvez devam, incluir fatores subjetivos como suas próprias experiências e sentimentos e as emoções dos alvos de estudo. Van Maanen (1988) distinguiu três formas básicas de apresentar resultados de pesquisa na etnografia, que são resumidos no Quadro 3.1. Embora ilustrem uma grande variedade de abordagens possíveis, na maioria das áreas das ciências sociais, as descrições realistas ainda são de longe as que têm mais penetração. Entretanto, como admite van Maanen, muitas vezes o que é basicamente descrição realista inclui partes baseadas em crenças ou impressões.

ESTRATÉGIAS PARA A CRIAÇÃO DE NOTAS DE CAMPO

Estas são algumas estratégias comuns para criar notas de campo. Use quantas forem necessárias.

- **A prosa do autor.** Lembre-se de que as notas não são documentos públicos, de forma que podem ser tendenciosas e descuidadas. Ninguém mais vai vê-las, pois se destinam apenas aos seus olhos. Particularmente, seus informantes não as verão, de forma que você pode ser franco.
- **Inscrição e transcrição.** Inclui descrições dos eventos e atividades (inscrições) e registros das palavras dos próprios informantes e seus diálogos (transcrições).
- **Lembrança e organização.** Coloque as coisas em ordem cronológica. Relate momentos importantes em que algo mudou e eventos significa-

> **QUADRO 3.1 HISTÓRIAS DE CAMPO DE VAN MAANEN**
>
> **Histórias realistas**
>
> As observações são relatadas como fatos ou documentadas por citações de entrevistados ou textos. Formas típicas ou comuns do objeto de estudo são apresentadas, como detalhes concretos da vida cotidiana ou rotinas. São enfatizadas as visões ou crenças dos alvos do estudo. Às vezes, o relatório pode tentar assumir uma posição de "onipotência interpretativa" (Van Maanen, 1988, p. 51). O autor, que está quase completamente ausente do texto, vai além de pontos de vista subjetivos para apresentar interpretações mais amplas, mais gerais e mais teóricas de maneira racional, desprovida de autorreflexão ou dúvida.
>
> **Histórias confessionais**
>
> Consistem em uma descrição mais personalizada. As visões dos autores ficam claras e discute-se o papel que eles cumprem na pesquisa e nas interpretações. Os pontos de vista dos autores são tratados como uma questão a ser discutida, assim como as questões metodológicas, como os problemas encontrados para "penetrar no campo" e coletar dados. A escrita separa claramente as confissões pessoais e metodológicas. A naturalidade na apresentação junto com uma descrição baseada nos dados coletados é usada para mostrar como o que aconteceu representou um encontro entre duas culturas.
>
> **Histórias impressionistas**
>
> Essas histórias assumem a forma de uma descrição dramática de eventos, muitas vezes organizados em torno de relatos surpreendentes e em ordem cronológica. Há uma tentativa de criar, pela inclusão de todos os detalhes associados à lembrança, uma sensação de escutar, ver e sentir o que o pesquisador vivenciou. Como em um romance, o autor tenta fazer com que o público sinta que está em campo. As narrativas costumam ser usadas junto com as conversações da identidade textual, caracterização fragmentada de conhecimento e controle dramático.

Adaptado de van Maanen (1988).

tivos e seja sistemático em termos de tópicos de interesse. Você pode escrever suas notas com uma lógica *a posteriori* (o que você aprendeu posteriormente ao registrá-las) ou com representação dramática (anotando somente o que sabia no momento, para que haja surpresas à medida que a história vai se desenvolvendo).
- **Representações retóricas de ação e diálogo.** Faça esboços que mostrem uma imagem instantânea das coisas, com o uso de descrições detalhadas. Ou escreva algo mais semelhante a uma história, com ações avançando no tempo, às vezes crescendo até atingindo um clímax. Isso pode até chegar a se tornar uma história a partir de notas de campo, com personagens totalmente concretizados, embora, diferentemente

de uma novela, não tenha uma lógica dramática forte, e sim, como na vida real, desenrole-se sem rumo definido. É possível até incluir diálogos, se conseguir se lembrar deles.
- **Postura.** Você deve decidir seu distanciamento em relação a seus entrevistados. Você assume uma postura envolvida e simpatizante ou permanece neutro e desinteressado?
- **Ponto de vista.** Decida se as notas serão escritas na primeira pessoa (eu fiz isso, eu vi aquilo) ou na terceira (ela fez aquilo, eles fizeram tal coisa juntos, ele disse isso) ou uma mistura de ambas.
- **Emoções.** Você pode incluir descrições de suas próprias emoções e sentimentos em relação aos eventos ou sobre a pesquisa em geral. Elas podem ser úteis porque refletem as dos informantes, fornecem dicas analíticas posteriormente e podem ser usadas para identificar vieses e preconceitos.

Se tudo isso parece ser muita coisa para pensar, lembre-se, você é o especialista. Você estava lá. Como observa Denzin (2004, p. 454):

> O que é dado no texto, o que é escrito, é construído e elaborado a partir da memória e das notas de campo. A escrita desse tipo, que reinscreve e recria poderosamente a experiência, investe-se de seu próprio poder e autoridade. Ninguém, além desse autor, poderia ter dado vida a esse novo lugar no mundo dessa forma para o leitor.

MEMORANDOS

Os autores que escrevem sobre teoria fundamentada popularizaram o uso de memorandos como forma de realizar análise qualitativa. Os memorandos são considerados como uma forma de teorizar e comentar à medida em que você faz a codificação temática de ideias e desenvolve a estrutura analítica em termos gerais. Eles são, essencialmente, notas para você mesmo (ou para outros na equipe de pesquisa) em relação ao conjunto de dados. Glaser (1978, p. 83-84), um dos autores da teoria fundamentada, definiu os memorandos como

> (...) a redação teorizante de ideias em relação a códigos e suas relações à medida que chegam ao analista enquanto codifica (...) pode ser uma frase, um parágrafo ou algumas páginas (...) esgota a ideação momentânea do analista baseada em dados com, talvez, um pouco de elaboração conceitual.

Como mencionei antes, os adeptos da teoria fundamentada tendem a sugerir que se mantenha o tipo de ideias analíticas que aparecem em memorandos estritamente separadas de documentos primários (transcrições de entrevistas, notas de campo, documentos coletados, etc.). Isso se dá em parte pela necessidade de o pesquisador se manter fundamentado nos dados e, portanto, você precisa saber diferenciar os dados de seus comentários. Além disso, em sua concepção original, os memorandos estão relacionados à codificação dos dados. A codificação é discutida de forma mais detalhada no próximo capítulo, mas basicamente é o processo de identificar passagens (nas notas de campos ou em entrevistas) que exemplifiquem certas ideias temáticas e lhes atribuam um nome, ou seja, o código. Os memorandos são pensamentos analíticos sobre os códigos e proporcionam esclarecimento e orientação durante a codificação. Contudo, também formam os passos seguintes na análise da codificação para o relatório. Os memorandos muitas vezes contêm ideias e amplas discussões que podem ser incluídas em seus relatórios finais.

Outros analistas são mais flexíveis na forma como usam memorandos. Uma ideia sugerida por Richardson, a partir de Glaser e Strauss (1967), é organizar suas notas em quatro categorias (isso também pode ser útil se você as integrar em notas de campo e escrever essas ideias em seu diário de pesquisa). Marque cada uma delas claramente na página, usando as letras entre parênteses. Elas são:

- **Notas de observação (NO).** O relato mais concreto e detalhado possível sobre o que você viu, ouviu, tocou, provou, etc.
- **Notas metodológicas (NM).** Notas para você mesmo sobre como coletar "dados" – com quem falar, o que vestir, quando telefonar e assim por diante.
- **Notas teóricas (NT).** Teorias, hipóteses, conexões, interpretações alternativas e críticas do que você está fazendo/pensando/observando.
- **Notas pessoais (NP).** São suas sensações em relação à pesquisa, com quem você está falando, suas dúvidas, angústias e satisfações. (Adaptado de Richardson, 2004, p. 489.)

Os memorandos devem ser escritos ao longo da pesquisa, desde quando você inicia a coleta de dados até finalizar seu relatório. Sempre dê prioridade a escrever memorandos, à medida que surgir inspiração. Uma vez que o fluxo comece, mantenha-o. Independentemente de sua extensão, eles podem ser alterados e divididos mais tarde, se necessário. Como as notas de campo, os memorandos são destinados apenas a você. Sendo assim, você pode ser direto, e eles não precisam ser escritos de forma muito sofisticada. Tente mantê-los em nível conceitual e evite falar sobre as características de indivíduos, a não ser como exemplos de conceitos gerais. Você poderá não seguir essa regra de forma rígida se estiver fazendo uma análise de caso, mas, ainda assim, tente manter seus comentários em relação aos casos em nível conceitual. O Quadro 3.2 resume os usos possíveis de memorandos.

> **QUADRO 3.2 OS USOS DE MEMORANDOS**
>
> 1. **Uma nova ideia para um código.** Isso pode ser desencadeado por algo que um entrevistado diz. Tenha uma lista de códigos à mão, para ajudar a fazer referências cruzadas.
> 2. **Apenas um palpite rápido.** Indique o que é só uma palpite ou conjectura e o que está sustentado em dados. Caso contrário, você vai retornar em outro momento e pensar que um mero palpite tem sustentação de evidências. (O que pode ou não ser o caso.)
> 3. **Discussão integradora (p. ex., de observações reflexivas anteriores).** Muitas vezes, isso reúne um ou mais memorandos e/ou definições de código. Uma atividade fundamental nesse caso é comparar códigos, contextos ou casos.
> 4. **Diálogo entre pesquisadores.** Os memorandos são uma boa maneira de compartilhar ideias analíticas com colegas de trabalho. Coloque seu nome e a data no memorando, para que se saiba quem o escreveu e quando.
> 5. **Questionamento da qualidade dos dados.** Você pode achar que o entrevistado não foi totalmente aberto em relação a algo ou que não está qualificado para falar do tema, ou seja, que a história é de segunda ou terceira mão.
> 6. **Questionamento da estrutura analítica original.** Você pode escrever um memorando em relação a um código existente, para levantar questões sobre se ele realmente faz sentido. Considere a possibilidade de combinar códigos se os memorandos sobre eles forem semelhantes. Isso costuma ser uma indicação de que os códigos tratam, na verdade, da mesma coisa.
> 7. **O que é confuso ou surpreendente em relação ao caso?** Uma habilidade importante no exame de documentos qualitativos é a capacidade de identificar o que é surpreendente. Às vezes, temos familiaridade demais com o contexto para achar que algo é surpreendente ou, o que é mais comum, simplesmente não conseguimos ver.
> 8. **Hipóteses alternativas para outro memorando.** É uma espécie de diálogo interno entre os envolvidos no projeto ou com você mesmo, se estiver trabalhando individualmente.
> 9. **Ausência de uma ideia clara, mas com uma tentativa de encontrar alguma.** Você pode achar que está perto de descobrir alguma coisa: nesse caso, escrever pode ajudar a selecionar quais são as questões em jogo. Lembre-se de que pode sempre voltar ao que escreveu para ver se, à luz do dia seguinte, ainda é capaz de extrair sentido.
> 10. **Levantamento de um tema geral ou metáfora.** Essa é uma atividade mais integradora ou holística. Em algum momento de sua análise, será necessário começar a tentar interligar as muitas questões.

Adaptado de Gibbs (2002, p. 88-89).

COMPOSIÇÃO DO RELATÓRIO

Se você escrever ao longo de seu projeto, mantendo um diário e escrevendo memorandos, a tarefa de compor o relatório final será muito menos desafiadora. Você já terá muitas partes e, talvez, capítulo inteiros que podem ser parte dele. Mesmo assim, a tarefa pode ser intimidante. Entretanto, não há necessidade de começar no Capítulo 1: simplesmente comece pelo capítulo ou parte mais fácil, o que vai tornar menos difícil o começo e o avanço e, quanto mais você tiver escrito, melhor vai se sentir sobre o projeto e mais segurança e clareza terá no restante de sua redação.

Alguns autores começam com uma lista do que querem dizer e, a seguir, desenvolvem as ideias contidas nela. Outros acham melhor começar com uma declaração de propósitos ou objetivo de seu trabalho e escrever a partir disso. Quando escrevem, algumas pessoas gostam de produzir uma frase de cada vez, aperfeiçoando cada uma antes de avançar no texto. Outras, por sua vez, preferem escrever livremente, colocando tudo no papel o mais rápido possível para depois voltar e organizar. Um professor que conheço gosta de trabalhar em vários textos ao mesmo tempo. Ele passa uma hora em um deles e depois passa para outro, permanecendo neste uma hora ou duas. Isso não funciona para mim, pois já acho difícil o bastante me concentrar em uma única peça que esteja escrevendo. Escolha a abordagem ideal para seu perfil, mas não deixe de escrever.

ORGANIZAÇÃO DO RELATÓRIO

É preciso encontrar uma estrutura organizadora que possa juntar todas as suas ideias diferentes em uma "história" coerente. Essa estrutura muitas vezes surge na forma de capítulos ou seções do relatório. Por exemplo, no caso mais simples, você pode fazer uma descrição cronológica em que cada parte é um episódio de seu estudo, ou uma descrição caso a caso, em que cada parte discute um deles. A Tabela 3.2 exemplifica algumas alternativas.

FOCO

Outra chave para a organização de um relatório é seu foco, que não estará claro no princípio, mas à medida que você avança em sua análise e em sua redação, ele deve surgir gradualmente. Você vai saber que tem um foco quando conseguir completar a sentença: "O objetivo deste estudo é..." Você

TABELA 3.2 Organização de relatórios qualitativos

1. Um conjunto de casos individuais, seguido de uma discussão de diferenças e semelhanças entre eles.
2. Uma descrição estruturada em torno dos principais temas identificados, trazendo exemplos ilustrativos de cada transcrição (ou outro texto), conforme adequado.
3. Uma apresentação temática das conclusões, usando um estudo de caso individual diferente para ilustrar cada um dos temas principais.

Adaptado de King (1998).

pode descobrir que conversar sobre sua pesquisa com colegas ou amigos ajuda a reconhecer qual deve ser o foco, já que, para explicar a eles, precisará identificar uma ideia central na qual se sustentem as explicações.

Os autores no campo da teoria fundamentada tornaram a identificação do foco uma parte crucial de sua abordagem, embora discordem sobre até onde o foco de análise deve ser baseado em conceitos que surgem a partir das preocupações dos próprios entrevistados e até onde devem ser sustentados por teorias e conceitos das ciências sociais. A ideia é que, em algum momento durante a codificação e a análise, uma categoria fundamental ou central surgirá como algo em torno do que a narrativa e a descrição conceitual podem ser produzidas. Glaser, um dos precursores da teoria fundamentada, acredita que a categoria central pode ser descoberta e deve ser solidamente baseada nos dados coletados. É uma atividade conceitual central e recorrente, substancial e amplamente conectada a outras categorias e com considerável poder analítico. Responde por grande parte da variação em um padrão de comportamento "que é relevante e problemático para os envolvidos" na situação estudada (Glaser, 1978, p. 93). Os que têm uma inclinação mais construtivista, como Charmaz (1990), preferem ver a análise como algo que surge. Para o autor, a categoria fundamental é algo que o pesquisador traz aos dados. É resultado de um processo de interpretação, e não simplesmente algo que está lá para ser descoberto. Isso dificulta a sua identificação e pode levar algum tempo e uma evolução considerável da codificação antes que um candidato a categoria central fique claro.

Seja qual for a visão que você assuma, o importante é que essa ideia ou essa categoria central tenham poder explicativo. Muitas, se não todas, das outras ideias temáticas que você identificou podem estar relacionadas a ela ou por ela serem explicadas. Dessa forma, grande parte da variação no comportamento, nas ações, linguagem e experiências relevantes pode ser explicada com referência a ela, e seu foco deve até ser capaz de explicar casos contraditórios ou alternativos (embora possa ser que você precise fazer referência a outros fatores junto com ele).

REESCRITA

Becker afirma que um dos maus hábitos na escrita que pode atingir muitos estudantes de graduação é pensar que a primeira versão é a versão final. Em seu livro sobre escrita nas ciências sociais (Becker, 1986), ele demonstra o quanto é necessário reescrever, editar e realizar ajustes para conseguir gerar um bom relatório final. O objetivo de reescrever é reexpressar sua escrita para que ela fique mais clara, mais legível e flua com mais facilidade. Um dos aspectos mais importantes disso é eliminar conteúdo redundante.

Procure repetições desnecessárias e as elimine. O Quadro 3.3 lista algumas das orientações que podem ser úteis durante o processo de reescritura.

Todos os autores, não importa o quão experientes sejam, podem obter vantagens a partir das avaliações de outros. É muito difícil se distanciar de suas próprias palavras, pois você as conhece bem demais. Então, peça para que seus amigos ou colegas, de preferência os que têm ao menos um pouco de conhecimento sobre seu tópico, leiam seus esboços. Pode ser útil se você lhes disser que tipo de avaliação deseja. O texto está longo demais, e você quer saber o que suprimir? O estilo está adequado ao público pretendido? Você deseja que os conteúdos sejam conferidos para verificar sua precisão e detalhamento (mais do que estilo)? Se você disser a seus leitores que tipo de avaliação espera, eles não vão perder seu tempo apontando cada errinho de ortografia quando você só precisa saber que partes pode cortar. Não busque a avaliação de leitores antes de ter uma primeira versão apropriada, mas, ao

---

QUADRO 3.3 ORIENTAÇÕES PARA A REVISÃO DA PRIMEIRA VERSÃO

1. **Leia todo o texto e se pergunte:**
   - O que estou tentando dizer?
   - A quem o texto é dirigido?
   - Quais mudanças o tornarão mais claro e mais fácil de acompanhar?

2. **Mudanças gerais ou consideráveis (como a reescrita de seções) que você pode cogitar são:**
   - reordenar partes do texto;
   - reescrever seções;
   - acrescentar exemplos ou retirar exemplos repetidos;
   - trocar os exemplos por outros mais significativos;
   - eliminar partes que pareçam confusas.

3. **Mudanças menores que você pode cogitar são:**
   - uso de palavras mais simples;
   - frases mais curtas;
   - parágrafos mais curtos;
   - tempos verbais ativos em vez de passivos;
   - substituição de construções negativas por positivas;
   - ordenar sequências;
   - distribuição de sequências numeradas ou listas na página (como aqui).

4. **Leia todo o texto revisado para ver se deseja realizar qualquer outra mudança geral.**

5. **Por fim, repita todo esse procedimento algum tempo depois (digamos, 24 horas) depois de fazer as revisões originais, sem comparar ao texto original.**

Adaptado de Hartley (1989, p. 90).

mesmo tempo, a versão que eles veem não precisa ser definitiva. Desde que seja possível revisar e melhorar o texto, não há problema. Como já observou Becker, "a única versão que conta é a última" (Becker, 1986, p. 21).

ESTILO

Tradicionalmente, relatórios, artigos, teses e similares têm sido escritos em estilo bastante seco e técnico. Os autores apresentavam a história básica usando a voz passiva e o tempo passado. As palavras dos próprios entrevistados eram usadas, mas somente até certo ponto e apenas em citações ilustrativas, refletindo uma postura predominantemente científica e realista assumida pelos cientistas sociais. A pesquisa poderia revelar a verdadeira natureza por trás da realidade social, e o texto poderia representar essa realidade de maneira simples, direta e objetiva.

Entretanto, nos últimos anos, a começar pela antropologia e se espalhando rapidamente para outras disciplinas, tem havido um entendimento dos problemas que essa visão pode causar. Eles têm se centrado em questões como autoridade, objetividade e reflexividade. A autoridade é a afirmação implícita de que o pesquisador pode descrever as coisas como realmente são, independentemente do relato das pessoas envolvidas e de forma que possa nem ser entendida ou aceita por essas pessoas. Uma qualidade aliada da análise é sua suposta objetividade, sua liberdade de viés e parcialidade. A reflexividade é a consciência e o reconhecimento do papel do pesquisador na construção do conhecimento. Por trás desses problemas está o reconhecimento de que toda a pesquisa qualitativa envolve interpretação e que os pesquisadores precisariam ser reflexivos em relação às implicações de seus métodos, valores, vieses e decisões para o conhecimento do mundo social que criam (ver Capítulo 7).

Isso tem tido implicações amplas para a forma como é conduzida a pesquisa em ciências sociais e, em particular, como ela é escrita. Uma consequência tem sido a ampliação dos padrões esperados das ciências sociais e, em alguns casos, alguma experimentação com formas radicalmente diferentes de relatórios, como diálogos e debates. Tem iniciado uma consciência cada vez maior da variedade de estilos em que a análise qualitativa pode ser relatada. Um exemplo disso está nas três formas de apresentação de conclusões de etnografia propostas por van Maanen e resumidas no Quadro 3.1.

Você pode desejar testar a forma como apresenta seus resultados, mas cuidado: os leitores geralmente esperam que os textos sigam um gênero ou estilo. Entre os exemplos, estão os relatórios de estudos comunitários, a monografia antropológica, o relatório de avaliação, o artigo científico e o artigo de revista comum, entre outros. Um formato comum nas publicações acadêmicas, bem como em dissertações de graduação e teses de doutorado, é: Introdução – Revisão de literatura – Planejamento/Métodos de pesquisa – Resultados/Análise – Discussão – Conclusão.

Na pesquisa qualitativa, a apresentação dos resultados e sua discussão costumam estar mais interligada, mas essa estrutura geral é muito difundida. Sendo assim, ao fazer a redação de sua análise é importante conhecer as tradições e estilos de escrita em seu campo e deixar claro como seu texto está relacionado aos outros – mesmo que você tenha escolhido rejeitar as formas dominantes. Portanto, você deve conhecer e considerar o público a quem quer se dirigir. Ele terá uma série de expectativas sobre o que vai ler e como estará escrito. Fundamentais entre esses leitores são os revisores das publicações e os membros de bancas de dissertações e teses. Ignorar suas expectativas é um risco potencial.

☑ PONTOS-CHAVE

- É importante que você não deixe tudo o que tem para escrever para o fim da análise, principalmente porque escrever é uma parte essencial da reflexão sobre seus dados. O material escrito ajuda a esclarecer as ideias e pode ser compartilhado com outras pessoas, para fins de avaliação. Portanto, é uma boa ideia manter todos as suas percepções, ideias, anotações, reflexões, ações e outras impressões, em um diário de pesquisa.
- As notas de campo são registros do que aconteceu quando você estava "em campo". Contudo, elas nunca são descrições simples; são inevitavelmente interpretações e costumam incluir experiências, sentimentos, vieses e impressões do pesquisador.
- Os memorandos são notas a você mesmo sobre a análise que está em desenvolvimento. Assim como as notas de campo, eles podem conter observações, ideias metodológicas e teóricas, bem como reflexões mais pessoais. Os memorandos são formas de registrar e compartilhar as ideias analíticas que vão surgindo.
- Em algum momento, é preciso produzir um relatório sobre sua pesquisa. Isso pode incluir muitas das ideias e exemplos registrados em seu diário, notas de campo e memorandos, mas deve haver um foco. Este necessita de uma ideia ou tema fundamental, que seja indispensável para explicar os muitos eventos, situações, ações e outros fenômenos que seu relatório discuta.

LEITURAS COMPLEMENTARES

Mais detalhes sobre discussões e sugestões sobre como escrever notas e relatórios são encontrados nas seguintes obras:

Angrosino, M. (2007) *Doing Ethnographic and Observational Research*. (Book 3 of *The SAGE Qualitative Research Kit*), London: Sage. Publicado pela Artmed Editora sob o título *Etnografia e observação participante*.

Becker, H. S. (1986) *Writing for Social Scientists: How to Start and Finish Your Thesis, Book or Article*. Chicago: University of Chicago Press.

Emerson, R. M., Fretz, R. I. and Shaw, L. L. (1995) *Writing Ethnographic Fieldnotes*. Chicago: University of Chicago Press.

Wolcott, H. F. (2001) *Writing Up Qualitative Research* (2nd ed.). Newbury Park, CA: Sage.

4

CODIFICAÇÃO E CATEGORIZAÇÃO TEMÁTICAS

Objetivos do capítulo

Após a leitura deste capítulo, você deverá:

- conhecer o papel central da codificação na análise qualitativa;
- perceber, a partir do exame minucioso de um exemplo, a importância de criar códigos que sejam analíticos e teóricos e não simplesmente descritivos;
- conhecer duas técnicas que podem ser usadas para promover a passagem da descrição à análise: comparação constante e codificação linha por linha.

CÓDIGOS E CODIFICAÇÃO

Codificação é a forma como você define sobre o que se trata os dados em análise. Envolve a identificação e o registro de uma ou mais passagens de texto ou outros itens dos dados, como partes do quadro geral que, em algum sentido, exemplificam a mesma ideia teórica e descritiva. Geralmente, várias passagens são identificadas e então relacionadas com um nome para a ideia, ou seja, o código. Sendo assim, todo o texto, entre outros elementos, que se refere à mesma coisa ou exemplifica a mesma coisa é codificado com o mesmo nome. A codificação é uma forma de indexar ou categorizar o texto para estabelecer uma estrutura de ideias temáticas em relação a ele (ver Quadro 4.1 para acompanhar uma discussão desses termos). Codificar dessa forma possibilita duas formas de análise.

1. Você pode acessar todo o texto codificado com o mesmo nome para combinar passagens que sejam exemplos do mesmo fenômeno, ideia, explicação ou atividade. Essa forma de acesso é uma maneira bastante

---

QUADRO 4.1 CÓDIGO, ÍNDICE, CATEGORIA OU TEMA?

À primeira vista, a ideia de um código pode parecer um tanto misteriosa. Provavelmente, você pensa nela, antes de mais nada, em termos de códigos secretos e cifras. Para outros, pode vir à mente uma associação com um código de informática e programação. Como se usam aqui, os códigos não são secretos nem tem a ver com programação. São simplesmente uma forma de organizar seu pensamento sobre o texto e suas notas de pesquisa.

Os autores do campo da análise qualitativa usam diversos termos para falar de códigos e codificação. São usados termos como índices, temas e categorias. Cada um reflete um aspecto importante da codificação. Richie e Lewis preferem o termo "índice", pois ele capta o sentido em que o código se refere a uma ou mais passagens no texto em relação ao mesmo tópico, como os itens no índice de um livro se referem a passagens no livro (Ritchie et al., 2003). Na análise fenomenológica, o termo usado em vez de códigos é "temas" (Smith, 1995; King, 1998). Mais uma vez, capta algo do espírito do que está envolvido na ligação de partes do texto com ideias temáticas que revelam a experiência que a pessoa tem do mundo. Dey (1993) usa "categoria", que indica outro aspecto da codificação. A aplicação de nomes a passagens de texto não é arbitrária, envolvendo um processo deliberado e refletido de categorização do conteúdo do texto. Codificar significa reconhecer que não há apenas exemplos diferentes de coisas no texto, mas há diferentes tipos de coisas às quais se faz referência.

Para acrescentar mais confusão a isso, os pesquisadores quantitativos também usam o termo "codificação" ao atribuir números a respostas de perguntas em

(Continua)

> (*Continuação*)
> sondagens ou categorizar respostas a perguntas abertas. É algo como codificação qualitativa, mas geralmente é realizada para contar as respostas categorizadas, o que não é a motivação fundamental dos pesquisadores qualitativos. A lista estruturada de códigos e as regras para sua aplicação (suas definições) que resultam da análise qualitativa são chamadas, às vezes, de quadro de codificação. Como já vimos, isso é confuso, porque os pesquisadores quantitativos usam a expressão para referir a listagem que informa qual valor numérico deve ser atribuído a diferentes respostas em sondagens para que elas possam ser contabilizadas. Por essa razão, tenho evitado essa expressão. Outros usam a expressão "estrutura temática" (Ritchie et al., 2003) ou "modelo" (King, 1998).
> Aqui, refiro-me somente à lista de códigos, ou livro de códigos, uma expressão usada por muitos outros analistas. "Livro" sugere algo mais sólido do que simplesmente uma lista, e realmente seria útil ter mais do que apenas uma lista. O livro de códigos é algo que deve ser mantido separado de qualquer transcrição codificada. Deve incluir não apenas a lista atual e completa de seus códigos, organizada hierarquicamente se for o caso, mas também uma definição de cada um, junto com qualquer memorando ou notas analíticas relacionadas ao esquema de codificação que tenha sido escrito.

útil de administrar ou organizar dados e permite que o pesquisador examine os dados de forma estruturada.
2. Você pode usar essa lista de códigos, especialmente quando elaborados em uma hierarquia, para examinar outros tipos de questões analíticas, como relações entre os códigos (e o texto que codificam) e comparações caso a caso. Isso será discutido no Capítulo 6.

A codificação é mais fácil quando se usa uma transcrição. É possível codificar diretamente de uma gravação em áudio ou vídeo ou de notas de campos originais, mas isso não é fácil de fazer, assim como não é fácil acessar as partes das gravações ou as notas codificadas quando necessário. (A exceção é quando você está usando um SADQ e vídeo ou áudio digital. Nesse caso, o programa facilita muito o acesso às partes codificadas do vídeo ou áudio.) Na verdade, em grande parte do tempo, a codificação é melhor com um arquivo de texto eletrônico por meio de um programa de computador específico para a análise. Discutirei essa questão no Capítulo 9, mas aqui serão explicadas as técnicas que podem ser usadas com uma transcrição em papel. Na verdade, eu mesmo uso abordagens baseadas no trabalho impresso e/ou digitalizado. Acredito que o papel possibilita o tipo de criatividade, flexibilidade e facilidade de acesso que é importante nas etapas iniciais da análise. A seguir, transfiro as ideias para codificação à versão eletrônica do projeto para continuar a análise. Não tenha receio de usar somente papel nem somente programas de computador, nem ambos. Desde que você consiga fazer algumas preparações (como inserir seus dados no programa antes de gerar uma cópia impressa na qual trabalhar, nada pode impedir o avanço, quando você desejar, do papel para o programa. É claro que você não tem que usar necessariamente o programa. Na maior parte do século passado, as pessoas que faziam análise qualitativa não usaram ou não podiam usar programas de computador. A maioria dos estudos clássicos que usaram pesquisa qualitativa foi realizada sem ajuda eletrônica.

DEFINIÇÕES DE CÓDIGOS

Os códigos formam um foco para pensar no texto e suas interpretações. O texto codificado propriamente dito é apenas um aspecto disso. Por essa razão, é importante que você escreva, o mais rápido possível, algumas notas sobre cada código desenvolvido. No capítulo anterior, apresentei a ideia de escrever memorandos como uma forma importante de registrar a evolução de seu pensamento analítico. Uma função fundamental desses memorandos é observar a natureza de um código e o raciocínio que está por trás dele, explicando como esse código deve ser aplicado ou que tipos de texto, imagens e outros devem ser relacionados ao código. Manter esse tipo de registro é importante por duas razões:

1. Ajudará a aplicação do código de forma coerente. Sem precisar reler todo o texto já codificado com esse nome, você conseguirá decidir se qualquer texto novo deve ser realmente codificado ali.
2. Se estiver trabalhando em equipe, vai possibilitar o compartilhamento de seus códigos com seus colegas para que eles os usem e, se eles fizeram o mesmo, que você use os deles. Se mais de um membro da equipe estiver codificando, é muito provável que mais de uma pessoa apresente ideias semelhantes para a codificação. Ter memorandos sobre os códigos possibilitará descobrir se os códigos são realmente idênticos ou não.

Mantenha seus memorandos de códigos em um ou mais arquivos de processador de texto (para que possa editá-los ou imprimi-los com facilidade) ou use fichas grandes para registrar os detalhes. Geralmente, você precisará registrar:

- O rótulo ou nome do código usado para marcar e codificar a transcrição.
- Quem codificou – o nome do pesquisador (desnecessário se estiver trabalhando sozinho).

- A data em que a codificação foi feita ou alterada.
- Definição do código – uma descrição da ideia analítica que ele refere e formas de garantir que a codificação seja confiável, ou seja, realizada de forma sistemática e constante.
- Quaisquer outras anotações sobre sua percepção em relação ao código, por exemplo, ideias possíveis sobre como ele se relaciona com outros códigos ou um palpite de que, talvez, o texto codificado aqui pudesse ser dividido entre dois códigos diferentes (ver Quadro 3.2 para visualizar mais ideias).

O MECANISMO DA CODIFICAÇÃO

Quem é novo na codificação considera que uma das coisas mais desafiadoras para se começar é identificar partes de texto e estabelecer quais códigos eles representam de forma teórica e analítica, e não apenas descritiva. Para isso, é necessário ler com cuidado o texto e decidir seu tema. Nas artes visuais, a expressão "olhar intenso" é usada para fazer referência à forma com que podemos prestar muita atenção a todas as coisas que vemos, mesmo as que são lugares-comuns e cotidianas. Da mesma forma, você precisa realizar uma "leitura intensa" ao codificar. Charmaz (2003, p. 94-95) sugere algumas perguntas básicas para fazer durante essa leitura intensiva, que podem ajudar a começar:

- O que está acontecendo?
- O que as pessoas estão fazendo?
- O que a pessoa está dizendo?
- Qual o pressuposto dessas ações e declarações?
- De que forma a estrutura e o contexto servem para sustentar, manter, impedir ou mudar essas ações e declarações?

UM EXEMPLO

Para ilustrar essa etapa inicial, considere o seguinte exemplo. Ele foi retirado de um estudo com assistentes de pessoas que sofrem de demência e é uma entrevista com Barry, que está cuidando atualmente de sua mulher, portadora de Alzheimer. O entrevistador acaba de perguntar a Barry: "Você teve que abrir mão de alguma coisa de que gostava de fazer, que fosse importante para você?". Ele responde:

1. BARRY
2. Bom, a única coisa de que eu realmente abri mão é – bom, a gente saía
3. para dançar. Bom, ela não pode mais fazer isso, então eu tenho que ir sozinho,

4. essa é a única coisa, realmente. E íamos jogar boliche
5. no centro esportivo. Mas, claro, isso está fora de cogitação. Então,
6. a gente não vai mais. Mas eu consigo fazer ela ir ao clube,
7. descendo a rua, alguns sábados, aos bailes. Ela se senta e
8. ouve a música, tipo, fica umas horas
9. e se cansa. E se faz um fim de semana bonito, eu saio com ela para dar uma volta de
10. carro.

DESCRIÇÃO

De certa forma, essa é uma resposta muito simples. Nas linhas 2 a 6, Barry dá dois exemplos de coisas que ele e Beryl gostavam de fazer juntos: dançar e jogar boliche. Depois, sem ser provocado para isso, lista duas coisas que eles ainda fazem juntos: ir a bailes no clube e passear de carro. Uma primeira ideia é codificar as linhas 2 a 4 com o código "Dançar", as linhas 4 a 6 com "Boliche", 6 a 9 com "Danças no clube" e 9 a 10 com "Passear de carro." Essa codificação pode ser útil caso se esteja analisando entrevistas com muitos asssistentes e o objetivo seja examinar as atividades que deixaram de ser realizadas e as que as pessoas ainda realizam juntas, comparando-as entre casais. A seguir, o acesso a todo o texto codificado com códigos relacionados a essas atividades possibilitaria que você listasse e comparasse o que as pessoas dizem a respeito delas.

CATEGORIZAÇÃO

Entretanto, essa codificação é simplesmente descritiva. Geralmente há maneiras mais eficazes de categorizar as ações mencionadas, bem como há outras coisas indicadas pelo texto de Barry. Na análise, você necessita se afastar das descrições, principalmente com os termos dos entrevistados, e passar para um nível mais categórico, analítico e teórico de codificação. Por exemplo, você pode codificar o texto em relação a jogar boliche juntos com um código "Atividades conjuntas interrompidas" e o texto sobre bailes no clube e passeio de carro com o código "Atividades conjuntas mantidas." Supondo-se que você fez a mesma coisa em outras entrevistas, agora pode acessar todo o texto em relação àquilo que os casais abriram mão de fazer e ver se eles têm coisas em comum. Ao fazer isso, você começou a categorizar o texto.

CÓDIGOS ANALÍTICOS

A reflexão sobre isso sugere outra forma de codificar o texto. Dançar e jogar boliche são atividades físicas que envolvem algum grau de movimento habilidoso. Beryl claramente perdeu isso, então deveríamos codificar as linhas 2 a 6 no código "Perda da coordenação física". Esse código é agora um pouco mais analítico do que aqueles com os quais começamos, o que simplesmente repetia as descrições de Barry. Ele não fala sobre a perda de coordenação física, mas isso está implícito no que ele diz. É claro que é preciso tomar cuidado. Essa é uma interpretação baseada, nesse caso, em poucas evidências. É necessário procurar outros exemplos da mesma coisa na entrevista de Barry e, talvez, outras evidências no que ele diz da enfermidade de Beryl.

Outra coisa a observar em relação a esse texto é a forma como Barry deixa de usar "nós", em relação ao que costumavam fazer juntos, para dizer "eu", quando começa a falar das coisas que fazem agora. Isso sugere mais um par de códigos analíticos, um com uma atividade conjunta, com um sentido de casal, e o outro sobre atividades em que o assistente está simplesmente fazendo coisas para sua parceira. Pode-se codificar isso como "Estar juntos" e "Fazer por". Observe que esses códigos não se limitam a codificar o que aconteceu, mas sugerem a forma como Barry pensava sobre essas coisas ou as conceituava.

Outras coisas que você pode ter notado sobre o trecho e que podem ser candidatas a códigos são o uso retórico que Barry faz da palavra "bom" nas linha 2. Ele diz isso três vezes, indicando uma sensação de resignação, perda ou arrependimento? Vale reforçar que a partir de uma passagem tão breve, isso não fica claro. Entretanto, você pode codificar como resignação por agora e, mais tarde, ver se está coerente com outros textos de Barry que tenham sido inseridos nesse código. É interessante observar que Barry diz que ainda vai dançar, por conta própria. Uma interpretação diferente do uso da palavra "bom" e o fato de que é a primeira coisa que Barry indica é que dançar era uma coisa essencial que ele e Beryl faziam juntos, como casal. Portanto, pode-se pensar que é um tipo de atividade fundamental ou central do casal, algo que era central para sua vida conjunta. Mais uma vez, seria útil examinar outros cuidadores para ver se há atividades definidoras semelhantes e se isso identifica diferenças entre cuidadores. Talvez os que tenham atividades definidoras menos afetadas pelo Alzheimer sejam diferentes daqueles que as tiveram.

Em resumo, aqui estão os códigos que podem ser usados para codificar a passagem de Barry.

- **Códigos descritivos:** "Dançar", "Boliche", "Bailes no clube", "Passear de carro".
- **Categorias:** "Atividades conjuntas interrompidas", "Atividades conjuntas mantidas".

- **Códigos analíticos:** "Perda de coordenação física", "Convivência", "Fazer por", "Resignação", "Atividade fundamental".

Obviamente, é improvável que se usem todos esses códigos para codificar apenas um trecho curto como esse, mas eu os usei para ilustrar a forma como se deve avançar de uma codificação mais descritiva, próxima aos termos do respondente, à categorização e a códigos mais analíticos e teóricos. Observe também que usei os códigos apenas uma vez nesse texto curto. Normalmente, você olharia o resto do texto para ver se há mais passagens que podem ser codificadas com o mesmo código e faria o mesmo com outros participantes.

A forma como você desenvolve esses códigos temáticos e em quais deles você se concentra dependerá do objetivo da pesquisa. Em muitos casos, a pesquisa é patrocinada por instituições financiadoras e pelo que você combinou com os financiadores que fará. Por exemplo, se a pesquisa sobre pessoas que sofrem da doença de Alzheimer tiver sido financiada por instituições que prestem serviços a cuidadores, você poderá se concentrar nos temas "Fazer por" e "Atividades conjuntas". Por outro lado, se você estiver fazendo um doutorado em psicologia social de casais, pode tratar de "Atividade fundamental" e "Convivência".

MARCAÇÃO DE CODIFICAÇÃO

Ao usar papel, a codificação é feita anotando-se o nome do código na margem ou marcando o texto com cores (à margem ou usando canetas marcadoras). A Figura 4.1 mostra algumas dessas formas para indicar essa

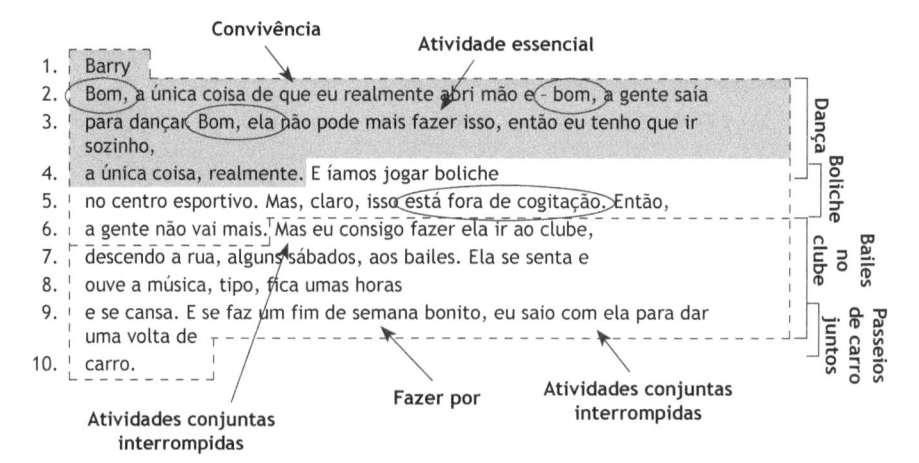

FIGURA 4.1 Resposta de Barry com codificação.

codificação na transcrição. Há quadros com nomes relacionados (eu uso setas), sombreamento (p. ex., com marcador de texto) e nome de código relacionado. A margem direita é usada com parênteses para indicar as linhas codificadas. Circulei ou marquei algumas das palavras ou termos fundamentais, como palavras emotivas, termos incomuns, metáforas e palavras usadas para dar ênfase.

BASE EM DADOS OU EM CONCEITOS?

A construção de um livro de códigos é um processo analítico. É a maior elaboração de um esquema conceitual. Embora no caso apresentado os códigos sejam derivados dos dados e estejam baseados neles, é possível construir um livro de códigos sem fazer referência inicial aos dados coletados.

CODIFICAÇÃO BASEADA EM CONCEITOS

As categorias ou conceitos que os códigos representam podem vir da literatura de pesquisa, de estudos anteriores, de tópicos no roteiro da entrevista, de percepções sobre o que está acontecendo e assim por diante. É possível construir uma lista de códigos em um livro de codificação sem usá-los previamente para codificar os dados.

Essa visão é defendida por Ritchie e colaboradores (2003) em sua defesa da análise da estrutura. Em análise de estrutura, antes de aplicar códigos ao texto, recomenda-se que o pesquisador elabore uma lista de ideias temáticas fundamentais, que podem ser retiradas da literatura e de pesquisas prévias, mas também geradas pela leitura de, pelos menos, algumas das transcrições e outros documentos, como notas de campo, grupos focais e documentos impressos. Uma visão semelhante é defendida por King (1998), que recomenda a construção de um modelo usando fontes semelhantes de inspiração, representando um arranjo hierárquico de códigos potenciais. Na análise de modelo de King e na análise de estrutura, a codificação consiste na identificação de trechos de texto que exemplifiquem os códigos nessa lista inicial. Entretanto, esses autores reconhecem que o pesquisador precisará ajustar a lista de códigos durante a análise à medida que novas ideias e novas formas de categorizar forem detectadas no texto.

CODIFICAÇÃO BASEADA EM DADOS

O oposto de começar com uma lista de códigos é começar sem nenhum. Essa abordagem geralmente é chamada de codificação aberta (ver discussão posterior, neste capítulo), talvez porque se tente fazê-la com a mente aberta. É claro que ninguém inicia absolutamente sem ideias. O pesquisador é um observador do mundo social e faz parte desse mundo. Todos temos ideias sobre o que podemos esperar que aconteça e, como cientistas sociais, é provável que tenhamos mais do que a maioria das pessoas, como resultado de nossa consciência de ideias teóricas e pesquisa empírica. Mesmo assim, pode-se tentar, na medida do possível, não começar com visões preconcebidas. Simplesmente comece lendo os textos e vá testando o que está acontecendo. Essa é a abordagem dos defensores da teoria fundamentada (Glaser e Strauss, 1967; Strauss, 1987; Glaser, 1992; Strauss e Corbin, 1997; Charmaz, 2003), além de muitos fenomenologistas em seu conceito de "colocar entre parênteses", ou seja, deixar de lado pressupostos, preconceitos e ideias preliminares em relação aos fenômenos (Moustakas, 1994; Maso, 2001; Giorgi e Giorgi, 2003). Mas até eles reconhecem que uma abordagem completamente *tabula rasa* não é realista. A questão é que, na medida do possível, deve-se tentar tirar dos dados o que de fato significam, e não impor uma interpretação com base em teorias preexistentes.

Essas duas abordagens à geração de códigos não são excludentes. A maioria dos pesquisadores se movimenta entre as duas fontes de inspiração durante sua análise. A possibilidade de construir códigos antes ou de forma separada de um exame dos dados refletirá, até certo ponto, a inclinação, o conhecimento e a sofisticação teórica do pesquisador. Se seu projeto foi definido no contexto de um quadro teórico claro, é provável que você tenha algumas ideias produtivas sobre os códigos potenciais necessários. Isso não significa que eles venham a ser preservados intactos durante o projeto, mas, pelo menos, oferece um ponto de partida para os tipos de fenômenos que você quer procurar ao ler o texto. O truque aqui é não se prender muito aos códigos iniciais construídos.

☑ O QUE CODIFICAR

O exemplo de codificação discutido acima é muito breve e específico de um contexto – o cuidado a quem sofre de demência. E as entrevistas, notas e gravações sobre outros tópicos? Que outros tipos de informações podem ser codificadas? A resposta depende, até certo ponto, do tipo de análise que se pretende fazer. Algumas disciplinas e abordagens teóricas, como a fenomenologia, a análise de discurso e a análise de conversação, vão demandar atenção especial a certos tipos de fenômenos nos textos em análise.

Felizmente, para uma variedade muito ampla de tipos de análise qualitativa que inclui muita pesquisa sobre política e pesquisa aplicada, bem como muito trabalho de avaliação e abordagens interpretativas e hermenêuticas, há um terreno comum que os pesquisadores tendem a buscar em seus textos. Alguns exemplos típicos são listados na Tabela 4.1. Diferentes autores têm

Tabela 4.1 O que pode ser codificado? (com exemplos)

1. **Atos e comportamentos específicos** – o que as pessoas fazem ou dizem.
   Evitar perguntas. Analisar a opinião de amigos.
2. **Eventos** – são eventos ou coisas que a pessoa tenha feito, geralmente breves e isolados.
   Não é incomum que o entrevistado as conte como uma história.
   Ser rejeitado em uma entrevista para emprego. Mudar-se para um albergue de sem-teto. Descobrir que o marido tem outra mulher. Entrar para uma academia.
3. **Atividades** – têm duração mais longa do que os atos e muitas vezes acontecem em um contexto específico e podem envolver várias pessoas.
   Ir dançar. Fazer um curso de formação. Ajudar o parceiro com demência a se lavar e se vestir. Trabalhar em um bar.
4. **Estratégias, práticas ou táticas** – atividades visando a algum objetivo.
   Usar o boca-a-boca para encontrar emprego. Divorciar-se por razões financeiras. Entrar em um relacionamento para ter um lugar para morar.
5. **Estados** – condições gerais vivenciadas por pessoas ou encontradas em organizações.
   Resignação, por exemplo, "na minha idade é difícil conseguir emprego". Trabalhar horas a mais para terminar o serviço.
6. **Sentidos** – uma ampla variedade de fenômenos no centro de muita análise qualitativa. Os sentidos e as interpretações são partes importantes do que orienta as ações dos participantes.
   a) Que conceitos os participantes usam para entender seu mundo? Quais normas, valores, regras e costumes orientam suas ações?
      A ideia de "*on-sight climbing*" entre os alpinistas para descrever uma escalada sem supervisão, sem ajudas artificiais, proteção instalada com antecedência nem prática prévia, com a implicação de que essa é uma maneira superior de escalar.
   b) Que sentido ou significado para os participantes, como eles interpretam os eventos, quais são seus sentimentos?
      Culpa, por exemplo, "A carta dele me fez sentir que eu era o responsável".
   c) Quais símbolos as pessoas usam para entender sua situação? Quais nomes elas usam para objetos, eventos pessoais, papéis, contextos e equipamentos?
      Furgão de entregas chamado de "o ônibus velho" (de forma afetiva ou pejorativa). O ato de lecionar referido como "trabalhar com giz" (como pegar no pesado, e não ficar no escritório).
7. **Participação** – envolvimento das pessoas em um contexto ou adaptação a ele.
   Ajustar-se a um emprego novo, como "Acho que tenho que tomar cuidado com o que eu digo agora, porque sei das coisas antes que elas estejam finalizadas".
8. **Relacionamentos ou interação** – entre as pessoas, consideradas simultaneamente.
   Desfrutar da família, por exemplo, "... eles têm 26 e 21, e a maior parte dos rapazes dessa idade é casada, mas os meus não são e gostam de vir para casa, que os amigos durmam aqui. Eu gosto".
9. **Condições ou limitações** – o precursor ou a causa de eventos ou ações, coisas que limitam o comportamento ou as ações.
   Perdas de mercados por parte das empresas (antes de demissões). Divórcio (antes de dificuldades financeiras).
10. **Consequências** – o que acontece se...
    A experiência consegue emprego, por exemplo "então o que acontece é que as pessoas que não têm nenhuma qualificação, mas têm alguns meses de experiência, estão conseguindo empregos".
11. **Contexto** – o quadro completo dos eventos em estudo.
    Albergue para sem-teto; Faculdade; Creche.
12. **Reflexivo** – o papel do pesquisador no processo, como a intervenção gerou os dados.
    Expressar simpatia, por exemplo, "Deve ser difícil para você enfrentar essa situação".

Adaptado de Strauss (1987), Bogdan e Biklen (1992), Mason (1996).

ênfases diferentes, mas muitas das ideias constantes na tabela serão úteis para qualquer análise de texto.

Observe que muitos dos exemplos que constam nessa tabela são bastante descritivos, e os apresentei porque é mais fácil ilustrar os fenômenos com exemplos concretos. Contudo, como já sugeri, é necessário ir além das descrições, em especial as que são apresentadas simplesmente nos termos dos participantes, chegando a categorias mais gerais e analíticas. Por exemplo, em vez do evento "Entrar para uma academia", você pode querer codificar esse texto como "Atividade social" ou "Compromisso a boa forma", ou ainda como "Identidade de pessoa saudável", referindo o significado mais geral desse evento.

ACESSO A TEXTOS A PARTIR DE CÓDIGOS

Até aqui, discuti a codificação principalmente como forma de analisar o conteúdo de textos, mas ela também tem outro propósito importante, que é possibilitar o acesso metódico a partes tematicamente relacionadas do texto. Há várias razões para isso.

- Acessar rapidamente todo o texto codificado da mesma forma e lê-lo para ver o que está no centro do código.
- Verificar como, dentro de um caso, uma ideia temática muda ou é afetada por outros fatores.
- Explorar como as categorizações ou ideias temáticas representadas pelos códigos variam de caso para caso, de contexto para contexto ou de incidente para incidente.

Essas atividades de acesso ajudam a desenvolver sua análise e sua abordagem analítica e teórica. Por exemplo, ao ler o texto codificado com o que pode ser um código bastante descritivo usado em vários casos, você pode descobrir alguma conexão mais profunda e mais analítica. A seguir, é possível dar outro nome ao código e reescrever sua definição para indicar essa ideia, ou, talvez, criar um novo código e codificar textos relevantes a ele.

ACESSO PRÁTICO

Para acessar textos com o objetivo de fazer isso, você precisa tomar algumas medidas práticas com suas transcrições codificadas. Todos esses tipos de acesso são mais fáceis se você estiver usando um SADQ. Veremos como isso acontece no Capítulo 8. Se você estiver usando papel, será necessário fazer duas coisas:

1. Reúna todo o texto codificado com o mesmo código em um mesmo lugar. Você deve fazer muitas fotocópias de sua transcrição codificada para que possa cortar as folhas e armazenar partes com o mesmo código em arquivos ou envelopes de papel separados. Se estiver usando um processador de texto, isso pode ser feito por cópia e colagem do texto em arquivos separados para cada código.
2. Coloque uma etiqueta ou dê nome a cada trecho (papel ou texto em arquivo eletrônico cortado e colado) para que se possa saber de que documento ele veio. (Se usar linhas numeradas, elas vão lhe dizer de que parte do documento ele veio. Mas observe que, se estiver cortando e colando em um processador de texto, a numeração das linhas não será mantida na cópia. Nesse caso, é melhor simplesmente acrescentar uma referência aos números originais com uma etiqueta indicando a fonte.) Se você tem apenas uns poucos documentos, algumas iniciais na parte de cima de cada trecho para identificar os documentos já serão suficientes. Mas se tiver um número grande de documentos/entrevistados, um sistema de numeração será útil. Uma identificação que consista em uma sequência de letras ou números que indique não apenas a identidade do entrevistado, mas também algumas informações biográficas básicas (como grupo etário, gênero e *status*) ajudarão a identificar de onde veio o texto original. Você pode usar algo como "BBm68A" para indicar a entrevista com Barry Bentlow, que é do sexo masculino, tem 68 anos e é aposentado. Coloque essa identificação na parte de cima de cada trecho ou envelope.

Esse acesso ao texto codificado com um só código deve ser mantido junto com quaisquer memorandos relacionados ao código, para que você possa garantir que a definição do código ainda tenha sentido em todos os trechos acessados. Se não tiver, você pode recodificar alguns dos textos ou mudar a definição do código. Também é possível verificar se cada uma de suas ideias registradas no memorando elucida o texto acessado ou, talvez, escrever mais no memorando depois de examinar o texto acessado.

TEORIA FUNDAMENTADA

Uma das abordagens mais usadas para codificação é a teoria fundamentada, que tem sido amplamente utilizada em uma série de disciplinas das ciências sociais e está por trás de grande parte dos SADQs. Seu foco central está em gerar de forma indutiva ideias teóricas novas ou hipóteses a partir dos dados, em vez de testar teorias especificadas de antemão. Como "surgem" a partir dos dados e são sustentadas por eles, essas novas teorias são chamadas de fundamentadas. Somente em uma etapa posterior da análise essas novas ideias deverão ser relacionadas à teoria existente.

Em sua explicação muito clara da teoria fundamentada, Strauss e Corbin (1990) apresentam muitas ideias e técnicas específicas para a obtenção de uma análise fundamentada. Os autores dividem a codificação em três etapas:

1. **Codificação aberta**, na qual o texto é lido de forma reflexiva para identificar categorias relevantes.
2. **Categorização axial**, em que as categorias são refinadas, desenvolvidas e relacionadas ou interconectadas.
3. **Codificação seletiva**, na qual a "categoria fundamental"; ou central que faz com que todas as outras categorias na teoria se conectem em uma história, é identificada e relacionada a outras.

CODIFICAÇÃO ABERTA

Esse é o tipo de codificação em que você examina o texto realizando comparações e perguntas. Strauss e Corbin também sugerem que é importante evitar um nome para o código que seja simplesmente uma descrição do texto. É necessário tentar formular códigos teóricos ou analíticos. O texto propriamente dito é sempre um exemplo de um fenômeno mais geral, e o título do código deve indicar essa ideia mais geral. Essa é a parte difícil da codificação. Ao ler o texto, frase por frase, você deve se perguntar constantemente: quem, quando, onde, como, quanto, por que e assim por diante. Isso alerta para questões teóricas que estão por trás do texto e oferecem uma sensibilidade para níveis teóricos mais profundos nas frases.

COMPARAÇÃO CONSTANTE

Também há vários contrastes que podem ser construídos para ajudar a entender o que pode estar por trás do texto superficial. A ideia por trás desses contrastes ou comparações é tentar trazer à tona aquilo que é distintivo em relação ao texto e seu conteúdo. Com muita frequência, conhecemos tanto certas coisas que não notamos o que é importante. Pense nas comparações durante todo o tempo em que estiver produzindo sua codificação. Este é um aspecto do que se chama de método de comparação constante (Glaser e Strauss, 1967). A seguir estão alguns exemplos de técnicas sugeridas por Strauss e Corbin (1990).

Análise de palavra, expressão ou sentença. Escolha uma palavra ou expressão que pareça importante e liste todos os seus possíveis significados.

Examine o texto para ver qual se aplica ao caso. Você poderá encontrar novos significados que não estavam óbvios em um primeiro momento.

Técnica da inversão. Compare extremos em uma dimensão em questão. Por exemplo, se alguém menciona que sua idade é um problema para encontrar trabalho, tente comparar isso com como seria para alguém muito jovem, que acaba de entrar no mercado de trabalho, em contraste com outra pessoa que se aproxime do final de sua vida de trabalho. Você poderá descobrir dimensões ou questões que não tinha considerado antes, como a interação entre idade e habilidades. As pessoas mais velhas podem carecer de novas habilidades, mas os jovens carecem de habilidades gerais relacionadas à experiência de trabalho.

Comparação sistemática. Faça uma série de perguntas hipotéticas para explorar todas as dimensões dos dois fenômenos. Como eles diferem, em que as pessoas respondem diferentemente? Isso pode estimulá-lo a reconhecer o que já está lá. Por exemplo, você pode:

- Perguntar o que aconteceria se as circunstâncias, a ordem dos eventos, as características das pessoas, os lugares, os contextos, etc. fossem diferentes.
- Perguntar em que os eventos e outros fatores são semelhantes e no que são distintos dos outros.
- Tome um elemento fundamental e faça uma associação livre ou leia partes do texto em uma ordem diferente para tentar estimular ideias a partir do que está no texto.

Comparações distanciadas. Tome um elemento do conceito que está examinando e pense no exemplo mais distante ou diferente de algum outro fenômeno que tenha algumas características em comum com aquele conceito. Depois, repasse todos os outros elementos de ambos os fenômenos para ver se eles esclarecem algo sobre o original. Por exemplo, você pode comparar um homem sem teto com um que tenha um braço amputado. Ambos sofrem perdas. Os que não têm membros vivenciam estigma. Acontece o mesmo com moradores de rua? Os estigmatizados lidam com isso evitando lugares públicos (escondendo-se), passando a situação adiante como um problema alheio e assim por diante. Os sem-teto fazem o mesmo? Por outro lado, pode-se comparar os sem-teto que falam de sua falta de sorte como os jogadores que falam de uma sequência de derrotas por azar. Os jogadores superestimam o quanto são capazes de controlar os eventos. O mesmo acontece com os que procuram um lar? Nesses casos, a razão da comparação é gerar mais códigos que formem dimensões, propriedades ou aspectos da ideia original.

Agitando a bandeira vermelha. Seja sensível a expressões como "nunca", "sempre", "não pode ser assim". Elas são sinais de necessidade de um olhar mais profundo. São raros os casos em que elas são mesmo verdadeiras. Geralmente, querem dizer que as coisas não deveriam acontecer dessa forma. Você deve descobrir o que aconteceria se essa situação é real.

Todas essas formas estimulam o pensamento mais criativo e profundo sobre o que está no texto. Contudo, além dessas formas de comparação imaginativas, é importante realizar outros tipos de comparação. Por exemplo, você deve comparar o que acaba de codificar com outro texto que tenha codificado anteriormente ou de forma semelhante. Você também pode comparar o caso em que está trabalhando com outros que tenha pesquisado. Ao criar novos códigos e codificar novos textos, vale a pena verificar se os textos codificados anteriormente dessa forma ainda têm sentido após um pouco mais de codificação. Isso é uma questão de se certificar que aplicou de forma constante sua codificação em todos os dados de que dispõe. Em alguns casos, essas comparações podem levá-lo a revisar os códigos que está usando e/ou as passagens que codificou com eles.

CODIFICAÇÃO LINHA POR LINHA

Uma abordagem recomendada por muitos adeptos da teoria fundamentada como primeiro passo é a codificação linha por linha. Isso significa repassar seu manuscrito e dar nome ou codificar cada linha de texto, mesmo que as linhas possam não ser sentenças completas. A ideia é forçar o pensamento analítico enquanto mantém sua proximidade aos dados. Um dos riscos da codificação e de qualquer tipo de análise qualitativa é transmitir seus próprios motivos, valores e preocupações para os códigos e esquemas analíticos produzidos. Se você não tomar cuidado, sua análise pode refletir mais seus próprios preconceitos e concepções anteriores do que as visões de seus entrevistados. Uma das vantagens da codificação linha por linha é forçá-lo a prestar atenção ao que o entrevistado está realmente dizendo e gerar códigos que reflitam sua experiência de mundo, e não a sua ou a de alguma pressuposição teórica que você possa ter. Por outro lado, a codificação linha por linha não quer dizer que você deveria simplesmente aceitar as visões que seus entrevistados têm do mundo. Como já sugerido, tente ser mais analítico e teórico em sua codificação, mesmo que isso signifique, às vezes, que suas interpretações sejam diferentes das de seus participantes. A codificação deve permanecer fundamentada nos dados constantes da transcrição, mas isso não significa que ela simplesmente reflita a visão que os entrevistados têm das coisas. Olhar os dados linha por linha deve impedir que você "iguale-se aos nativos", ou seja, aceite a visão de mundo dos entrevistados. Você deve refletir essa visão de mundo, e não aceitá-la.

Para ilustrar a codificação linha por linha, considere um breve trecho no Quadro 4.3, oriundo de uma entrevista mais longa com um morador de rua, Sam. (Observação: na linha 105, acrescentei a expressão "de longo prazo" entre colchetes. Essa expressão não é de Sam, mas deixa claro o que ele quer dizer com "longos relacionamentos"). O exemplo mostra um pouco de codificação inicial, linha por linha. Alguns desses códigos ainda são um tanto descritivos, mas refletem as ações de que Sam está falando e algumas das formas como vê o mundo, sugerindo algum exame das transcrições para comparação. A codificação linha por linha é só uma maneira de começar, e o próximo passo é desenvolver e refinar essa codificação.

Os códigos podem ser agrupados da seguinte forma:

Relacionamentos – fim
Problemas domésticos
Relações como problemas
Dormir em carro
Rompimento
Desconforto mental
Ciúmes
Sair da região
Evitação
Começar de novo

Relacionamentos – tipos
Parceria/relação
Relações de longo prazo
Parceiras aceitáveis

Acomodação
Compartilhar acomodações
Estilo de vida peripatético
Pensão, considerada como morar sozinho
Nunca morou sozinho

Amizades
Fazer amigos com facilidade
Amigos geograficamente limitados

Autopercepção
Optou por independência
Caracteriza a si como independente
Não confia em outros
Considera-se desconfiado

Omiti alguns códigos repetidos e esclareci os nomes de um ou dois. Tudo o que esse agrupamento fez foi reunir códigos semelhantes. Observando esse agrupamento e a transcrição original, você pode começar a refinar os códigos. Por exemplo, há vários códigos sobre o término de relações.

Para Sam, as relações que terminam após o que ele chama de "problemas domésticos" estão claramente relacionadas de forma íntima com seu movimento entre ter casa e não ter. O código "problemas domésticos" é o que Glaser e Strauss (1967) chamam de código *in vivo*. São conceitos usados pelos próprios participantes para organizar e conceituar seu mundo. Observe, entretanto, que são conceitos e não apenas as palavras dos entrevistados. No caso de Sam, a expressão "problemas domésticos" se refere claramente a algum tipo de discussão ou disputa com sua parceira da época. Seu uso do termo é, em si, confuso. Lembra jargão policial e termos jurídicos como "violência doméstica" e "perturbação doméstica." Como ele relata, em um momento posterior da entrevista, que esteve na prisão, podemos pensar se esses rompimentos envolveram a polícia e o sistema judicial. Além disso, seus rompimentos também envolvem algumas emoções fortes como ciúme, tanto que ele se sente obrigado a se mudar da região. Observe, na linha 109, o uso que ele faz da metáfora "a minha cabeça surta". Mais uma vez,

89	ENTREVISTADOR	
90	Faz muitos anos que você fica em albergues?	
91	SAM	
92	Não, ah... mas eu sempre me mudei muito, desde que eu saí da escola. Eu	*Estilo de vida peripatético*
93	sempre estive com alguém, ah... tem sido	*Parceira/relacionamento*
94	uma relação de longo prazo,	*Relações de longo prazo*
95	então não foi ruim. Por muitos anos eu morei com outras pessoas.	*Parcerias aceitáveis/ acomodações compartilhadas*
96	Mas quando eu tive problemas domésticos e coisas assim, sabe como é, eu	*Problemas domésticos*
97	saí de casa com 15 anos e nunca voltei a morar	*Optou por independência*
98	com meu pai e minha mãe. Eu sou desse tipo de pessoa que não gosta de	*Caracteriza-se como independente*
99	ficar no sofá dos amigos ou abusar das pessoas. Então,	*Não depende de outros*
100	de verdade, se eu tinha problemas domésticos e coisas assim, eu ia e dormir num	*Problemas domésticos*
101	carro, por dias, às vezes. Mas esta é mesmo a primeira vez	*Dormiu em carro*
102	que eu me afasto de alguém e moro sozinho. Sou desse tipo de gente que não gosta de se aproveitar dos outros.	*Albergue considerado como morar sozinho*
103	Eu já fiquei na rua, mas nunca tive uma casa só para mim. Eu sou simplesmente	*Nunca morou sozinho*
104	esse tipo de gente que não gosta de abusar dos	*Considera-se não dependente*
105	outros. Meu problema é com os meus relacionamen-tos longos [de longo prazo].	*Relações são um problema*
106	Eu tenho facilidade de fazer	*Faz amigos com facilidade*
107	amigos quando estou em uma relação. Eu faço muitos amigos, mas são amigos daquele ambiente e no lugar novo, e aí o que	*Amigos limitados geograficamente*
109	acontece é que eu me separo dela. A minha cabeça surta e eu não gosto	*Rompimento Sofrimento mental*
110	de ver, de ver, de ver a pessoa com outra, aí	*Ciúmes*
111	eu saio da região e vou para outro lugar, e aí e começar de novo do	*Mudar-se*
112	zero, é isso.	*Recomeçar*

FIGURA 4.2 Trecho de entrevista mostrando a codificação linha por linha.

em outro momento da entrevista ele explica como também passou algum tempo em um hospital psiquiátrico, de forma que o desconforto é grave. Outro aspecto fundamental da visão de mundo de Sam ilustrado por essa codificação é sua autopercepção. Por meio de repetição, ele está visivelmente com dificuldades de se retratar como independente, não dependente de outros, e não como alguém que explora seus amigos. Se isso é verdade é outra questão, mas ele claramente se vê assim e acha que é importante que o entrevistador também o veja dessa maneira.

O passo seguinte, após essa codificação linha por linha, é refinar os códigos propriamente ditos e reorganizá-los em uma hierarquia. Refinar os códigos tem duas finalidades. Em primeiro lugar, você deverá revisitar o texto para ver se ele pode ser melhor codificado de outra maneira, por exemplo, usando códigos diferentes para codificar passagens mais longas, e se há exemplos em outros lugares da mesma transcrição, ou em outras, que precisem ser codificadas usando os novos códigos. Também representa uma oportunidade, como discutido no exemplo da Figura 4.1, de tornar os códigos descritivos iniciais mais analíticos. A reorganização dos códigos em uma hierarquia será discutida no Capítulo 6.

PONTOS-CHAVE

- A codificação é um processo analítico fundamental para muitos tipos de pesquisa qualitativa. Ela consiste em identificar uma ou mais passagens do texto que exemplifiquem alguma ideia temática e ligá-las a um código, que é uma referência taquigráfica à ideia temática. Após a codificação, é possível acessar os textos codificados de forma semelhante e comparar de que forma variam entre casos e com textos codificados de outra forma.
- Uma das questões mais importantes da codificação é garantir que ela seja o mais analítica e teórica possível. Você deve se afastar de códigos que sejam simplesmente descritivos e assentados nas visões de mundo dos entrevistados, preferindo códigos que sugiram formas novas, teóricas e analíticas de explicar os dados.
- Para alguns analistas, o processo de codificação envolve a criação de códigos e, com isso, de novas compreensões analíticas e teóricas de seus dados. Eles sugerem que se tente o máximo possível evitar a aplicação de estruturas existentes a seus dados. Outros, acreditando que é impossível eliminar completamente as pressuposições, sugerem que se comece com uma estrutura ou padrão de códigos existentes que reflitam o pensamento analítico atual.
- A teoria fundamentada é um importante exemplo de abordagem à codificação. A abordagem tem algumas boas sugestões sobre como procurar passagens para codificar e como identificar as ideias que elas representam. Isso significa a recomendação de realizar uma comparação constante: comparar passagens codificadas de forma semelhante, códigos diferentes e a codificação em um caso com outros. Uma técnica específica sugerida pelos adeptos da teoria fundamentada, que

ajuda a criar novos códigos, é a codificação linha por linha. Embora essa abordagem possa ser criativa, ainda é necessário garantir que a codificação produzida não se limite a aceitar as visões de mundo dos participantes.

☑ LEITURAS COMPLEMENTARES

As três fontes seguintes aprofundam as questões discutidas neste capítulo.

Charmaz, K. (2006) *Constructing Grounded Theory: A Practical Guide Through Qualitative Analysis*. London: Sage. Publicado pela Artmed Editora sob o título *A construção da teoria fundamentada*.

Coffey, A. and Atkinson, P. (1996) *Making Sense of Qualitative Data Analysis: Complementary Research Strategies*. London: Sage.

Mason, J. (2002) *Qualitative Researching*. London: Sage.

ANÁLISE DE BIOGRAFIAS E NARRATIVAS

Objetivos do capítulo

Após a leitura deste capítulo, você deverá:

- saber o que a análise de narrativas, histórias e biografias acrescentou à pesquisa qualitativa;
- entender as fontes e as funções de narrativas;
- perceber o conteúdo e os temas específicos das histórias reais e das biografias;
- identificar as características gerais de um conjunto de abordagens práticas à análise por meio do exame de um exemplo de narrativa;
- saber mais sobre a estrutura das narrativas.

NARRATIVAS

A narrativa ou narração de histórias é uma das formas fundamentais com que as pessoas organizam sua compreensão do mundo (ver também Flick, 2007a, 2007b; Kvale, 2007). Nas histórias, elas dão sentido a suas experiências passadas e compartilham essas experiências com outras. Sendo assim, a análise cuidadosa de tópicos, conteúdo, estilo, contexto e o ato de compor narrativas revelará a compreensão das pessoas dos sentidos dos eventos fundamentais em suas vidas ou suas comunidades e os contextos culturais em que vivem.

A maioria das histórias, principalmente se fazem parte de uma entrevista ou diálogo mais longo, poderia ter sido expressada como um exemplo simples. Em lugar da história:

> Admito que não tenho uma boa relação com o tempo, mas, às vezes, estar atrasado acaba funcionando bem. Eu me lembro da vez em que eu me atrasei um pouquinho para pegar um trem e achei que ia perdê-lo, mas, na verdade, o trem anterior estava tão atrasado que pude embarcar. Como ele compensou o tempo perdido depois, para a surpresa das pessoas que eu encontraria, acabei chegando cedo.

O entrevistado poderia ter dito:

> Às vezes, mesmo que você se atrase para sair, pode acabar chegando cedo porque você pega um trem que se atrasou.

ou

> Atrasar-se não é bom, mas às vezes a gente acaba se dando bem.

O que se ganha ao contar isso na forma de uma história?

- Dá evidências para o argumento geral (que pode ser inferido a partir da história específica).
- Personaliza a generalização. Diz-se: "Eu vivi isso", que reforça as evidências e conta alguma coisa sobre a pessoa, como ela se sente e como avalia e vivencia o mundo. Ao analisar narrativas, histórias e biografias, pode-se examinar os dispositivos retóricos que as pessoas usam e a forma como elas representam e contextualizam suas experiências e seu conhecimento pessoal.
- A experiência é situada em um quadro temporal. É cronológica. Isso se aproxima muito de nossa experiência do mundo, que tem uma coerência temporal.

- Funciona como evidência de aspectos do autorretrato ou da biografia que está sendo exposta pelo entrevistado. Dá uma voz aos respondentes. Estimula o entrevistador a levar a sério a forma como as pessoas constroem e sustentam sua identidade, porque, pela narração, elas nos dizem que tipo de pessoa acham que são. Consequentemente, podemos nos concentrar naquelas que geralmente não são representadas ou levadas a sério.
- Tem força dramática e retórica (ver Quadro 5.1). É mais fácil para quem ouve assimilar e é uma forma mais convincente e persuasiva que a generalização.

Essa lista ilustra o que foi acrescentado à pesquisa qualitativa pela investigação sobre narrativa e biografia. Seu foco foi em como as pessoas apresentam seus argumentos, oferecendo acesso à forma como elas desejam se mostrar, como descrevem suas ações e suas vidas. As expressões compartilhadas e o vocabulário e as metáforas comuns podem nos dizer muito sobre como os grupos sociais se veem e como descrevem suas experiências (ver Quadro 5.2).

FONTES DE NARRATIVAS

Textos de várias fontes podem sofrer uma análise narrativa. A principal fonte são as entrevistas. Mais do que percorrer um conjunto predeterminado de perguntas ou mesmo uma lista preparada de temas, os entrevistados podem simplesmente ser estimulados a contar sua história. Essas evocações funcionam particularmente bem se a pessoa tiver que contar suas experiên-

---

QUADRO 5.1 RETÓRICA

A retórica é a arte de falar ou discursar ou usar a linguagem de forma eficaz para agradar ou persuadir. Ela surgiu na Grécia Clássica, em que aprender retórica era valorizado como forma de ter sucesso na vida pública. A retórica examina os métodos e meios de comunicação e tem sido criticada por considerar simplesmente o estilo ou as aparências ("mera retórica"). O livro de Aristóteles sobre o tema apresentou uma sistematização, muito mais desenvolvida nos séculos seguintes, das formas de argumento retórico. Incluía, por exemplo, a conhecida "pergunta retórica" - feita não porque se queira uma resposta, mas para causar efeitos retóricos, como enfatizar que até mesmo poder fazê-la é repreensível ("Quantas vezes eu vou ter que lhe dizer?"). Apesar das críticas de que está dirigida à forma e não ao conteúdo, a retórica está tão relacionada ao que se pode dizer quanto a como se pode dizê-lo. Na verdade, uma premissa básica para a retórica é a indivisibilidade entre meio e sentido, ou seja, a forma como se diz alguma coisa transmite tanto sentido quanto o que se diz.

> **QUADRO 5.2 METÁFORAS E EXPLICAÇÕES**
>
> **Metáfora**
> A metáfora é o uso das imagens mentais como uma espécie de dispositivo retórico. Geralmente, uma palavra ou expressão que significa uma coisa é usada para designar outra, fazendo-se, assim uma comparação implícita, como "um mar de problemas" (problemas por toda parte, como a vastidão do mar ou como tempestades marítimas), "a vida em alta velocidade" (uma vida rápida e agitada, como estar em um automóvel em alta velocidade) ou "nadando em dinheiro" (ter muito). A metáfora é uma parte importante e indispensável de nossa forma comum e convencional de conceituar o mundo, e nosso comportamento cotidiano reflete nosso entendimento metafórico da experiência. As descrições concretas comuns raramente são metafóricas, mas quando as pessoas começam a falar de abstrações e emoções, a visão metafórica é a norma.
> A maioria de nós, na maior parte do tempo, usa metáforas conhecidas, que refletem o meio e a cultura em que vivemos. Como pesquisadores, podemos investigar como as metáforas são estruturadas, como são usadas e como os outros as entendem. Por vezes, a metáfora é usada porque as pessoas consideram difícil se expressar sem seu uso, porque há um conteúdo emocional no que estão dizendo, que é transmitido com mais facilidade de modo metafórico. Em outros casos, é só um exemplo de um termo comum que é compartilhado. Por outro lado, o uso de metáforas específicas reflete ideias e conceitos compartilhados entre o grupo mais restrito ao qual os respondentes pertencem e são características do domínio cultural específico.
>
> **Explicações**
> As origens da análise de explicações podem ser identificadas pelo menos no trabalho de Mills (1940), que descreveu que elas contêm vocabulários de motivo, além de exemplos do que Austin (1962) chamou de "fazer coisas com palavras". Fornecer explicações é usar a narrativa para tentar descrever, justificar, desculpar, legitimar, etc., as ações ou a situação. Há dois tipos principais de explicações: as desculpas, em que as pessoas tentam mitigar ou aliviar ações ou condutas questionáveis, talvez apelando para o acaso, para forças fora de seu controle ou falta de informação; e as justificativas, em que as pessoas tentam neutralizar ou atribuir valor a ações ou condutas questionáveis.

cias em algum momento decisivo da vida. Entre os exemplos típicos já pesquisados estão divórcio, conversão religiosa, mudança de profissão, dar à luz e contrair uma doença potencialmente fatal. As entrevistas não são a única fonte de material para análise narrativa. As conversas que ocorrem naturalmente podem ser usadas (desde que tenham sido superados os obstáculos éticos e práticos para registrá-las) bem como grupos focais e todos os tipos de fontes documentais ou escritas, incluindo as autobiografias explícitas. Em alguns casos, pode-se fazer referência a fontes documentais para sustentar e enriquecer suas interpretações narrativas das entrevistas.

FUNÇÕES DA NARRATIVA

As narrativas são uma forma muito comum e natural de transmitir experiência. Prestar atenção às razões pelas quais as pessoas usam narrativa ou contam histórias em momentos estratégicos de uma entrevista pode dar uma ideia de quais são os temas importantes para elas e sugerir ideias para investigação adicional. Entre as funções comuns da narrativa estão as seguintes:

- **Transmitir notícias e informações, como em relatos de experiências pessoais.** Talvez este seja o uso mais comum de histórias e todas as nossas conversas estão cheias desse tipo de narrativa.
- **Atender a necessidades psicológicas, como oferecer às pessoas uma forma de lidar com a desorganização de rotinas cotidianas.** Estas incluem problemas pessoais ou familiares, crises financeiras, problemas de saúde, mudanças de emprego ou mesmo momentos particularmente delicados ou traumáticos ou eventos como divórcio ou violência. Compartilhamos uma necessidade de restaurar um sentido de ordem depois da desagregação e tentamos entender as incoerências. Esse processo de dar ordem é chamado de "intriga" por Ricoeur (1984), para referir a organização de uma sequência de eventos em uma trama. A sequência pode ser longa ou curta, mas é importante que as pessoas tentem dar a ela uma forma narrativa. A análise da linguagem usada nessas histórias pode revelar muito do sentimento de um narrador.
- **Para ajudar grupos a definir uma questão ou sua postura coletiva em relação a ela.** Quando várias pessoas vivenciam um evento, suas narrativas podem se transformar em uma história comum que expresse sua experiência compartilhada. Um exemplo são as histórias contadas por homossexuais sobre como assumiram sua condição.
- **Persuadir** (p. ex., no caso de uma testemunha em um tribunal, de um vendedor). Esses exemplos usam o poder retórico de narrativas e jogam com a forma com que parecem dar mais credibilidade ao relato.
- **Apresentar uma imagem positiva ou dar credibilidade.** Os exemplos típicos desse caso são aqueles nos quais uma pessoa triunfou apesar da desconfiança inicial em suas visões, ou nos quais seu conhecimento ou habilidades específicas foram importantes para atingir um objetivo. Outros podem tentar estabelecer credibilidade contando histórias que mostrem como sua posição é a postura comum ou normal.
- **Realizar a transmissão social da experiência, por exemplo, parábolas, provérbios, relatos morais e místicos.** Os entrevistados usam esses recursos para indicar a prática boa e a ruim, tanto para o pesquisador quanto para seus pares. Eles têm uma dimensão ética e moral. Um exemplo típico disso é a narrativa de alerta que descreve acidentes

ou desastres em sua organização. Essas histórias funcionam como lembrete coletivo do que não fazer e como não ser. As narrativas morais geralmente são sobre outras pessoas, mas se for sobre o narrador, isso em geral acontece porque é um exemplo de superação de adversidade ou um momento decisivo em sua vida. Em muitos casos, narrativas morais são uma forma de transmitir herança cultural ou cultura organizacional, embora essas funções também possam ser cumpridas por histórias que não sejam narrativas morais. Como exemplos, temos as histórias de atrocidades, as fábulas de moralidade nas organizações, as fábulas de incompetência (como em ambientes médicos, alertando para o que não fazer), a cultura oral das crianças em idade escolar, lendas urbanas e histórias sobre "clientes", como fregueses em empresas de varejo, pacientes médicos e estudantes em escolas e faculdades.

- **Estruturar nossas ideias de nós mesmos e manter nossa identidade.** Isso pode ser obtido no nível social pelo tipo de narrativas morais e histórias culturais que acabo de mencionar. Essas histórias compartilhadas podem definir um grupo ou uma subcultura, principalmente aos membros do grupo. Ser introduzido nesses grupos muitas vezes ocorre pelo ato de ouvir as histórias que são fundamentais para os demais. Contudo, as histórias podem ser usadas para estabelecer identidade também em nível individual. Elas apresentam a realidade interna de um narrador ao mundo exterior, bem como costumam deixar as coisas claras para o próprio narrador. Conhecemos ou descobrimos quem somos e nos revelamos a outros por meio das histórias que contamos. Nas palavras de McAdams, "se você quiser me conhecer, deve conhecer a minha história, porque ela define quem sou. E se eu quiser conhecer a mim mesmo, entender o sentido da minha própria vida, então também deverei conhecer minha própria história" (McAdams, 1993, p. 11).

Nem todas as histórias cumprirão todas as funções dessa lista, mas desempenharão pelo menos uma delas, e a maioria terá várias dessas funções. Prestar atenção para determinar a função da narrativa revelará como os narradores se retratam, qual é sua experiência e o que lhes interessa.

NARRATIVA E HISTÓRIA DE VIDA

Um exemplo fundamental de narrativa é a autobiografia ou história de vida. Embora as pessoas espontaneamente usem narrativas ao falar sobre si mesmas e incluam regularmente relatos curtos em seu discurso, as biografias e as histórias de vida geralmente são resultado de uma solicitação específica. Os dados podem vir de entrevistas, biografia escrita, autobiografia, entrevista de história real, cartas ou diários pessoais.

Ao fazer um relato de toda a sua vida, os entrevistados geralmente ordenam suas carreiras profissionais e suas memórias em uma série de crônicas narrativas, marcadas por eventos – a intriga da narrativa. Eles podem mostrar como a pessoa enquadra e entende um determinado conjunto de experiências. Exemplos típicos disso são como as pessoas avaliam o sucesso, como superam a adversidade, o que consideram uma boa e uma má prática e suas explicações de sucesso e fracasso.

CONTEÚDO BIOGRÁFICO

A postura geral que as pessoas assumem ao contar sua história de vida é "como aconteceu" ou "como cheguei onde estou hoje". Há várias características fundamentais:

- Quase sempre, as biografias são cronológicas. Isso não quer dizer que todas as partes da história estejam em uma ordem estrita de ocorrência. Às vezes, as pessoas começam "no meio" com um evento ou experiência fundamental, mas geralmente os eventos são lembrados na ordem em que aconteceram.
- As pessoas geralmente identificam eventos e atores sociais fundamentais – os personagens de sua história. Esses são eventos e pessoas que fizeram alguma diferença para elas, sem os quais não seriam as pessoas que são agora.
- Um exemplo específico de um evento fundamental é o momento decisivo ou o que Denzin (1989) chama de epifania, o acontecimento que deixa uma marca no narrador. Isso é algo que as pessoas dizem que as tornou, em sua opinião, pessoas diferentes, e elas costumam descrever o fato usando termos como "antes disso, eu costumava fazer essas coisas (ser esse tipo de pessoa), mas agora, faço coisas diferentes (ou sou outro tipo de pessoa)". Os eventos e pessoas importantes são bons indicadores de como a pessoa concebe sua vida, e o que isso significa para ela.
- Outras características comuns das histórias de vida são o planejamento, a sorte e outras influências. Muitas vezes, os eventos ou as pessoas são discutidos nesses termos – como pessoas que elas tiveram a sorte de conhecer, que as influenciaram (como parceiros, cônjuges, mentores), ou como eventos que sempre tinham planejado (como casar-se, ter uma família). Esses encontros se tornam parte do que McAdams (1993) chama de "mito pessoal".

As histórias de vida geralmente têm temas, e estes, junto com as características recém-discutidas, podem ser codificados da forma comum (discutida no capítulo anterior). Os temas variam muito, dependendo da experiência da pessoa, e podem se aplicar apenas a uma etapa da biografia. Às vezes, os temas são importantes por sua ausência. Os tipos de coisas que podem ser encontrados são listados no Quadro 5.3.

QUADRO 5.3 TEMAS COMUNS EM HISTÓRIAS REAIS

- **História relacional** - referência constante a outros, o que fizeram com as pessoas, os que as pessoas lhes fizeram, ou, em contraste, uma história em que a maior parte da atividade é realizada pelo entrevistado sozinho. Procure o uso de nomes de outras pessoas e dos pronomes "ele", "ela" e "eles" junto com descrições de ações ou procure o uso de "eu" junto a atividades.
- **Pertencimento e separação** - dois temas contrastantes que podem ser importantes para pessoas a quem a identidade é relevante. A identidade, quem eu sou, pode ser uma questão importante para muitas pessoas à medida que deixam de ser solteiras, formam uma relação e têm uma família, posteriormente se adaptando à ideia de seus filhos viverem de forma independente. As questões de identidade também surgem quando a pessoa vivencia uma mudança fundamental naquilo que faz, como entrar para o exército, tornar-se religiosa ou aposentar-se.
- **Proximidade, distanciamento e experiência de mudar-se** - um tema expresso com frequência no contexto de uma vida muito móvel (social ou geograficamente). Exemplos típicos de experiências que podem conter essas narrativas são as histórias de imigrantes e de pessoas que passaram (p. ex., em função de casamento) de uma classe a outra. Entretanto, também pode ser um tema para alguém que esteja tentando romper com o que considera restrições familiares, comunitárias ou relacionadas a origens.
- **A ideia de carreira** - profissional ou de outros papéis sociais, como pai ou mãe, filho, paciente. Isso é, em geral, um conceito central à vida. Os exemplos incluem pessoas para as quais o trabalho é uma vocação, como soldados, padres, enfermeiras, professores e jornalistas, que se definem em termos do que fazem, como "Eu sou mãe em tempo integral", e as que vivenciaram alguma coisa que tomou conta de suas vidas, como ficar paraplégico após um acidente, sofrer uma doença que coloque a vida em risco ou passar um longo tempo na prisão.
- **Relações íntimas com pessoas do sexo oposto (ou do mesmo sexo, no caso de homossexuais)** - a ausência de uma discussão pode ser tão importante quanto sua inclusão.
- **Um foco no início da vida como um determinante para ações posteriores** - o que me tornou o que sou. Isso é narrativa em forma de relato. As pessoas muitas vezes estão tentando relatar a forma como as coisas são no presente – que trabalho fazem, que tipo de pessoas são, suas relações – em termos do que aconteceu no começo de suas vidas.

Essa é uma lista indicativa, e não completa. Você poderá descobrir, nas narrativas que estiver examinando, que diferentes temas sociais, pessoais ou cronológicos são predominantes.

ATIVIDADES ANALÍTICAS PRÁTICAS

1. Leia e releia a transcrição para se familiarizar com a estrutura e o conteúdo da narrativa. Procure por:
    - Eventos – o que aconteceu.
    - Experiências – imagens, sentimentos, reações, sentidos.
    - Relatos, explicações, desculpas.
    - Narrativa – a forma linguística e retórica de contar os eventos, incluindo como o narrador e o público (o pesquisador) interagem, a sequência temporal, os personagens, intrigas e imagens. Procure exemplos de conteúdos e temas comuns, como na lista acima.
2. Prepare um breve resumo escrito para identificar características fundamentais, como o início, meio e fim da história.
3. Use a margem direita da transcrição para anotar ideias temáticas e questões estruturais. Procure transições entre os temas. Você pode examinar textos sobre diferentes tipos de transições, como, por exemplo, a passagem da formação profissional a uma carreira inicial. Encontre o texto que expresse um determinado tema usado em etapas específicas da biografia. Por exemplo, as relações íntimas são algo que os entrevistados só mencionam em determinadas etapas de sua história de vida?
4. Faça memorandos sobre ideias que surgirem e os use para destacar onde as pessoas relatam suas ações e mostram a estrutura geral da história. Veja se há episódios que pareçam contradizer os temas em termos de conteúdo, humor ou avaliação por parte do narrador. Uma atitude especial que os narradores podem ter diante de uma questão é deixar de mencioná-la.
5. Marque (com lápis ou caneta) qualquer mini-história ou subtrama que possa estar embutida. Use setas para indicar ligações entre os elementos.
6. Destaque ou circule linguagem emotiva, imagens mentais, uso de metáforas e passagens sobre os sentimentos do narrador.
7. Codifique ideias temáticas e desenvolva uma estrutura de codificação. Pode ser suficiente usar códigos bastante óbvios e amplos, como "infância", "formação profissional", "início de carreira", "casamento", "paternidade/maternidade", "trabalho social voluntário", "administração", "mudança profissional" e "aposentadoria".
8. Em um momento posterior de sua análise, comece a conectar as ideias desenvolvidas em relação à narrativa com literatura teórica mais ampla.
9. Faça comparações caso a caso (p. ex., tematicamente). É provável que você só tenha algumas histórias disponíveis em um estudo. Mes-

mo assim, alguma comparação caso a caso pode ser reveladora. Você pode comparar as visões de diferentes participantes sobre determinado evento em que estiveram todos envolvidos ou comparar como as pessoas vivenciam transições semelhantes em suas vidas.

UM EXEMPLO: A HISTÓRIA DA SEPARAÇÃO DE MARY

Esta história vem de uma entrevista realizada como parte de um estudo sobre as experiências de mulheres que tinham se separado de seus maridos. Neste caso, Mary não apresenta uma biografia completa, começando o relato no momento em que seu marido a deixou. Na maior parte do tempo, a história é narrada de forma cronológica, sobre o que aconteceu então e nos nove anos seguintes. A transcrição da entrevista consiste em uma série de histórias ou cenas intercaladas com um pouco de explicação dos eventos e descrição dos sentimentos e estados emocionais de Mary. A entrevista é bastante longa (mais de 6.000 palavras) e não há espaço aqui para apresentar muitos detalhes. Contudo, resumirei o texto e indicarei como a entrevista de Mary exemplifica algumas das ideias deste capítulo.

INÍCIO Mary se casou em 1953 e se separou de seu marido em 1994, quando tinha 51 anos. Ela tem três filhas (uma casada na época da separação) e um filho. Mary começa seu relato com uma história sobre o dia em que seu marido foi embora de repente. Ela está preocupada em explicar como isso aconteceu de forma inesperada e que nada havia na relação com seu marido, até então, que indicasse que ele queria ir embora. Ela sustenta esse tema com várias sub-histórias, como a história de seu filho sobre como o marido levou consigo todas as coisas dele e sua própria história, sobre como ela encontrou, vários dias depois, a chave de casa que ele havia deixado. Uma questão inicial é a da culpa. A carta que o marido deixou dava a impressão de que ela era culpada pelo rompimento. Nas palavras de Mary

> Era [a carta] tipo, você, você, você, e eu não conseguia aguentar isso, porque pensava, eu devo ser uma pessoa realmente horrível para que isso tenha acontecido, sabe como é...

Mary enfatiza não apenas como ela se sentia culpada pelo rompimento e como ficou chocada – "Eu não conseguia ficar em casa, não conseguia comer, não conseguia fazer nada, eu não conseguia funcionar de verdade" – mas também como seu marido foi embora de uma maneira súbita, inesperada e estranha. Ela usa o termo "bizarro" várias vezes na entrevista para descrever o evento. Também há várias passagens em que ela usa diferentes metáforas para tentar descrever seus sentimentos na época. Em uma delas, ela diz:

> ...foi um choque muito grande. Eu só me lembro que era como um ruído muito alto nos meus ouvidos e ficou tudo muito, muito, muito frio e eu notei bem porque foi muito bizarro, e aí veio o calor depois do frio e subiu pelo meu corpo e parecia estar saindo pelos meus ouvidos e de cima da minha cabeça.

Em um momento posterior da narrativa, ela admite ter tido uma imaginação muito visual, e diz:

> Eu tinha essa sensação horrível de estar num canto de um quarto, com as costas contra o canto e com as mãos contra as duas paredes. E aí eu começo a cair e foi como... Meu Deus, foi impressionante porque só tinha as minhas mãos contra a parede para me segurar. Eu nunca caí, mas tinha alguma coisa dentro de mim que dizia que se você cair, você nunca mais vai voltar. Eu me sentia como balançando à beira de sei lá o quê, um colapso mental, e foi assim que foi para mim, esse buraco no canto de trás de mim. Se eu tivesse afundado, eu poderia ter ficado muito, muito mal. Então, foi me agarrar nas paredes que me manteve em pé, de verdade...

Nem todo mundo será tão imaginativo e usará imagens tão expressivas sobre seus sentimentos e experiências, mas passagens como esta nos dão uma visão muito boa de como foi estar no lugar dessa pessoa e viver esses eventos.

MEIO No caso de Mary, a segunda passagem também faz parte de sua transição na história a uma identidade mais independente. Inicialmente, ela conta que descobriu que seu marido estava com outra mulher. Isso começou a retirar um pouco da culpa e do choque que ela sentira. A seguir, ela descreve uma epifania que aconteceu quando, em seu sofrimento, ela estava morando na casa de uma das filhas e, por falta de camas extras, dormiu com a neta mais nova em sua cama. A neta tinha urinado nas fraldas e vazou para Mary.

> Eu acho que foi aí que eu comecei a me recuperar... Eu tinha que fazer alguma coisa e o que eu não poderia fazer era seguir como eu estava, e ser a mesma pessoa que sempre fui...

FIM A seguir, ela conta como foi obter alguma qualificação e uma nova profissão. Também se associou em um clube para solteiros, o que ocasionou várias amizades novas e duradouras. Depois resolveu sua situação financeira e, com o tempo, no momento financeiramente propício, divorciou-se de seu marido.

O que falta no relato de Mary? É claro que uma voz central que não está presente é a de seu marido ou de seus filhos. Só temos a memória dela sobre o que aconteceu. Portanto, a narrativa mostra o ponto de vista dela e o que ela consegue se lembrar agora. Grande parte da história está relacionada a mostrar ao ouvinte que seus sentimentos eram intensos, justificados e compreensíveis. Tenha em mente que todas as mini-histórias descritas provavelmente foram relembradas e contadas muitas vezes antes para outros públicos. Ao longo dessas repetidas narrações, elas provavelmente foram refinadas, rememoradas e reajustadas de modo que sua forma seja adequada ao público específico. Pode-se ver essa construção paralela da narração manifestar-se quando, depois de contar várias histórias relacionadas para reafirmar que o marido não deu qualquer aviso de sua intenção de ir embora, a jovem entrevistadora sentiu a necessidade de dizer:

> Olhando agora, você acha que houve alguma coisa que tivesse dado qualquer sinal do que estava para acontecer ou foi completamente...

e foi interrompida por Mary:

> Completamente, completa e totalmente do nada.

Ao que, então, ela acrescentou duas histórias, uma que repete o quanto seu marido estava calmo um pouco antes de ir embora, sem dar qualquer sinal do que estava por fazer, e a outra de quando descobriu sobre a mulher com quem ele estava vivendo.

Mary usa histórias para contar eventos a partir de sua perspectiva. Ela o faz para persuadir o ouvinte do que aconteceu, para ilustrar suas emoções e sensações. E usa a narrativa, acima de tudo, para demonstrar como superou o trauma emocional e financeiro da separação e, depois de uma epifania, reorganizou sua vida de tal forma que agora se considera uma pessoa financeiramente segura, emocionalmente estável e independente. Esse é o entendimento que ela tem do que aconteceu na atualidade.

☑ GÊNERO OU ESTRUTURA NARRATIVA

Assim como analisar o conteúdo temático das biografias, podemos considerar a estrutura narrativa das histórias das pessoas. Como tem sido reconhecido desde a antiguidade clássica, uma história tem um início, um meio e um fim (usei essa divisão na história de Mary) e uma lógica. Os eventos não são apenas temporais, eles têm uma sequência causal: um evento leva inevitavelmente ao outro. Podemos considerar que as histórias que as pessoas contam têm uma trama e categorizá-las como peças de teatro. A Tabela 5.1 dá uma classificação em quatro categorias de histórias baseadas em temas dramáticos. Sublinhei os termos que são códigos potenciais.

Análise de dados qualitativos ■ 91

TABELA 5.1 Classificação dramatúrgica de histórias

Romance	O herói enfrenta uma série de <u>desafios</u> rumo a seu objetivo e sua <u>vitória final</u>.
Comédia	O <u>objetivo</u> é a <u>restauração da ordem social</u>, e o herói deve ter as <u>habilidades sociais</u> necessárias para superar os <u>riscos</u> que a <u>ameaçam</u>.
Tragédia	O herói é <u>derrotado</u> pelas <u>forças do mal</u> e <u>rejeitado</u> pela sociedade.
Sátira	Uma <u>perspectiva cínica</u> sobre a <u>hegemonia social</u>.

A narrativa de Mary cai fundamentalmente na forma de romance. Embora comece com muita ansiedade, insegurança financeira e choque pela partida de seu marido, ela passa em pouco tempo a descrever como construiu uma vida nova para si. Ela obteve qualificação e uma nova profissão, entrou para um clube, desenvolveu estratégias para superar a ansiedade permanente e aceitou a ideia de estar em casa sozinha. Entrou com uma ação de divórcio para ter o maior benefício financeiro possível da pensão do marido. Ela reconhece essas mudanças:

> O triste é que estou feliz agora que ele se foi, na verdade, e isso soa muito bizarro porque demorou uns quantos anos para eu superar, mas as mudanças na minha vida são imensas. Voltar àquilo, entende, eu não conseguiria.

As histórias de vida se desenvolvem, elas avançam ou regridem, dependendo se a história passa a coisas melhores ou piores ou se estabilizam quando a "trama" está resolvida. Se as coisas realmente avançam, diz-se que a história ascendeu. A história de Mary é claramente ascendente. Se as coisas vão piorando progressivamente, a história é descendente. Outras histórias podem ascender e depois descender, voltando a ascender à medida que as coisas passam de boas a ruins ou o contrário.

Outra classificação conhecida de histórias é a apresentada por Arthur Frank em seu livro *The wounded storyteller* (Frank, 1995). Frank examina as histórias contadas por pessoas que estão doentes. Segundo ele, "as histórias têm que consertar o estrago que a doença causou à sensação da pessoa de onde ela está na vida e para onde pode estar indo. As histórias são uma forma de redesenhar mapas e encontrar novos destinos" (Frank, 1995, p. 53).

Frank identifica três tipos comuns de histórias:

1. **A narrativa de restituição.** Essa é a história preferida pelos médicos e outros profissionais de saúde. A ênfase está em restaurar a saúde, o "eu" quando estou melhor. Essas narrativas costumam ter três momentos. Elas começam com a miséria física e social como padrão ("Não posso trabalhar", "Não tenho como cuidar da minha família"). O segundo movimento se concentra no remédio, naquilo que precisa

ser feito. Por fim, toma-se o remédio e o narrador descreve como são restaurados o conforto físico e os deveres sociais. Essas são histórias contadas com frequência sobre pacientes, em vez de por eles próprios, principalmente porque oferecem pouca ação ao narrador. O paciente só tem que "tomar o medicamento" e ficar bem.

2. **O caos narrativo.** Este é, na verdade, uma nãohistória. Há pouco impulso narrativo ou sequência, simplesmente uma lista de coisas ruins que nunca vão melhorar, pela quais o narrador está quase dominado. Um exemplo típico (não relacionado à saúde) é a história do Holocausto contada pelos sobreviventes dos campos de concentração na Segunda Guerra Mundial. A história sinaliza uma perda ou falta de controle. A medicina simplesmente não consegue fazer nada a respeito. Essas não são histórias que as outras pessoas queiram escutar, e elas muitas vezes interrompem para oferecer finais felizes como "a resiliência do espírito humano". Nas palavras de Frank, a modernidade (da qual a medicina científica é um bom exemplo) não consegue tolerar o caos. Ela deve ter desfechos desejáveis.

3. **A busca narrativa.** Esta é a história do contador, em que ele está no controle das coisas. Os narradores contam como se depararam com a doença "de frente" e procuraram utilizá-la, ganhar algo com a experiência. Essa é uma história muito comum contada pelos membros de grupos de autoajuda. A história é uma espécie de trajetória, com uma partida (os sintomas são reconhecidos), uma iniciação (o sofrimento mental, físico e social que a pessoa vivenciou, muitas vezes com referência às partes de sua vida que foram interrompidas pela doença) e um retorno (em que o narrador não está mais enfermo, mas ainda está marcado pela experiência). Essas histórias podem conter o que Frank chama de manifesto. O contador ganhou uma nova voz, uma nova visão da experiência, e quer que outros a assimilem. Essas classificações coincidem com a forma dramática que apresentei acima. Por exemplo, a busca narrativa pode assumir uma forma de romance ou comédia. Além disso, como sugeri ao citar as histórias do Holocausto, essa classificação se aplica a traumas que vão além de doenças, como histórias de questões judiciais, de refugiados, de perda de trabalho e de separações. Na verdade, você pode ver vários elementos na história de Mary que sugerem que ela é uma busca narrativa.

Essas tipologias de estruturas narrativas podem ser usadas de algumas formas:

1. Para chamar atenção à forma como as pessoas retratam os acontecimentos de que estão falando. Por exemplo, no caso de Mary, ela agora

se vê como uma mulher forte e independente que encontrou formas de lidar com as preocupações financeiras e emocionais. Isso sempre levanta a pergunta de por que as pessoas optaram por se retratar assim. Às vezes, essa pergunta pode ser respondida examinando-se o conteúdo da biografia, enquanto em outras, ela permanece sem resposta. Além disso, escolher um tipo de narrativa pode exigir que algumas questões sejam omitidas ou minimizadas. Por exemplo, Mary, em sua história, pouco fala do novo parceiro com quem vive agora, talvez porque queira destacar os desafios superados, em vez do fato de que conseguiu restabelecer o tipo de relação que perdeu quando o marido a deixou (forma de comédia).
2. Se você estiver examinando várias biografias, as estruturas encontradas podem ser usadas para fazer comparações entre casos. Pode ser que todas as pessoas que estão contando sua história sobre a questão em análise (p. ex., separação) contem a história com a mesma estrutura. Isso pode revelar alguma coisa sobre como as pessoas vivenciam a separação. Por outro lado, se houver histórias com estruturas diferentes, essas diferenças podem ser associadas a outras questões pessoais, sociais e organizacionais que podem se revelar importantes na análise final.

ELEMENTOS NARRATIVOS

Vários pesquisadores enfocaram os tipos de histórias que as pessoas introduzem em seus discursos comuns, incluindo entrevistas. Indo além da simples categorização de início, meio e fim, Labov (1972, 1982; Labov e Waletzky, 1967) sugere que uma história completamente formada tem seis elementos (ver Tabela 5.2).

Analisando as narrativas dessa forma para ver como são construídas, podemos começar a entender as funções que a história cumpre. A estrutura ajuda a entender como as pessoas dão forma aos eventos, como apresentam um argumento, qual sua reação aos eventos e como elas os retratam. Todos esses elementos podem ser usados como ponto de partida para exploração e análise adicionais.

As entrevistas muitas vezes contêm histórias autônomas ou subtramas. Elas se destacam entre as outras respostas, em parte porque usam o tempo passado e costumam tratar de preocupações centrais dos respondentes, às quais eles podem retornar em outros momentos da entrevista. Como vimos no exemplo da entrevista de Mary, ela conta sua biografia como uma série de subtramas ou mini-histórias. Muitas delas podem ser encaixadas na estrutura de Labov, e isso ajuda a enfocar as partes.

TABELA 5.2 Elementos narrativos de Labov

Estrutura	Pergunta
Resumo	Síntese. De que se trata? Sintetiza a questão ou oferece uma proposição geral que a narrativa vai exemplificar. Nas entrevistas, a pergunta do entrevistador pode cumprir essa função. Pode ser omitida.
Orientação	O momento, o lugar, a situação, os participantes da história. Diz quem, o que, quando e onde, informando o elenco, cenário, época, etc. Expressões geralmente usadas são "Foi quando..." ou "Isso aconteceu quando eu...".
Ação complicadora	A sequência de eventos, respondendo à pergunta "e depois, o que aconteceu?". Esta é a principal descrição de eventos centrais da história. Labov sugere que elas costumam ser lembradas no pretérito. A ação pode envolver momentos decisivos, crises ou problemas, além de mostrar como o narrador lidou com eles.
Avaliação	Responde à pergunta "e então?". Dá significado e sentido à ação ou à atitude do narrador. Destaca a questão central da narrativa.
Solução	O que aconteceu, afinal? O desfecho dos eventos ou a solução do problema. Expressões típicas são: "Então isso fez com que..." ou "É por isso que...".
Coda	Esta seção é opcional. Marca o fim da história e um retorno da fala ao tempo presente ou a transição a outra narrativa.

Um exemplo é a história de como Mary conseguiu uma nova profissão (ver Tabela 5.3). É um exemplo simples, mas ilustra muito bem como as pessoas contam histórias e como parecem, implicitamente, reconhecer as convenções sobre como contá-las.

Nem todas as histórias vão se enquadrar tão bem nas categorias, mas muitas correspondem muito à estrutura. Observando os momentos nas entrevistas em que os entrevistados entram em uma história, fica bem claro que essas são questões importantes para eles. Mary contou várias histórias como parte de sua narrativa geral ou biografia. Uma questão importante que isso destaca é o elemento de avaliação, que informa o que o entrevistado sente em relação aos eventos e, no caso de Mary, acrescenta mais evidências à sua história geral de como ela fundamentalmente mudou o tipo de pessoa que era depois da partida do marido. Essas histórias também podem acrescentar elementos morais à narrativa. Mais uma vez, no caso de Mary, a história ilustra como ela rompeu com a dependência emocional e financeira da família.

TABELA 5.3 A história de Mary

Estrutura	Texto
Resumo	Bom, eu tinha que conseguir dinheiro. Eu trabalhei. Mas isso só me mantinha. Kate [a filha com quem morava] ofereceu-se para ajudar mais em seu sustento, mas eu disse "Não, não é sua responsabilidade, eu vou dar conta disso, eu preciso dar conta".
Orientação	O que pensei foi que eu trabalharia como assistente social por vinte anos. Eu me aposentaria nisso e o que eu gostava na profissão é que tinha muito trabalho de aconselhamento. Eu recebia muita formação no trabalho para fazer aconselhamento, e essa era a parte que eu mais gostava, então pensei em fazer um curso de aconselhamento.
Ação complicadora	Então eu fiz o RSA1, mas era caro. Recebi alguma ajuda com o custo da faculdade. Fiz os três anos do curso e usei todo o dinheiro que eu tinha. A hipoteca estava acabando, tudo estava sendo pago. A pensão cobria isso e não havia problema. Mas eu costumava ter que pagar meus estudos na Ledbridge, e isso me deixou sem nada. Mas foi o que eu fiz.
Avaliação	Saí de lá como uma pessoa totalmente diferente. Você não teria me reconhecido se me encontrasse na rua. Eu tinha perdido muito peso e decidi pintar meu cabelo, e passei de avó com seus netos para... Uma pessoa que estava determinada a ir em frente e garantir que estivesse bem.
Solução	E foi isso que eu fiz. Queria dizer que eu conseguia tomar conta de mim mesma sozinha e fazer um trabalho que realmente me agradava.
Coda	Estou feliz agora que ele foi embora e me deu uma chance de me encontrar de verdade, porque eu estava perdida naquela família.

PONTOS-CHAVE

- A análise de narrativas e biografias acrescenta uma nova dimensão à pesquisa qualitativa, concentrando-se não apenas no que as pessoas disseram e em coisas e eventos que descreveram, mas na forma como o fizeram, por que o disseram e o que sentiram e vivenciaram. Sendo assim, as narrativas possibilitam compartilhar o sentido que a experiência tem para os entrevistados e lhes dar uma voz para que possamos vir a entender de que forma eles encaram a vida.
- As pessoas produzem narrativas e histórias naturalmente em entrevistas, discussões, grupos focais e conversas comuns. Elas o fazem por várias razões. Em parte, pelas funções retóricas e persuasivas das histórias e, em parte, para que a experiência possa ter sentido por meio da intriga – ordenando-a em uma sequência de crônicas. As narrativas também têm funções sociais como o compartilhamento de visões e a exposição de orientações sobre como se comportar.

- Em suas biografias, as pessoas identificam atores e eventos centrais que muitas vezes são momentos decisivos ou epifanias. Elas incluem uma série de temas entre os quais alguns, como pertencimento, distância, carreira e relações com outros, são muito comuns.
- A análise prática da narrativa envolve a leitura atenta das histórias. Você pode usar abordagens temáticas e codificá-las, como no último capítulo. Contudo, escrever memorandos e sumários das histórias também é uma parte importante da análise. As narrativas de diferentes pessoas podem ser comparadas caso a caso.
- As narrativas também têm uma estrutura que, em parte, reflete o avanço ou retrocesso da trama. Exemplos importantes de trama são o romance, a comédia, a tragédia e a sátira. Subtramas mais curtas ou mini-histórias também podem ter uma estrutura que destaque os aspectos avaliativos e afetivos da narrativa.

LEITURAS COMPLEMENTARES

Os autores seguintes exploram as questões da análise de narrativa de forma mais detalhada:

Daiute, C. and Lightfoot, C. (eds.) (2004) *Narrative Analysis: Studying the Development of Individuals in Society.* Thousand Oaks, CA: Sage.

Kvale, S. (2007) *Doing Interviews* (Book 2 of *The SAGE Qualitative Research Kit*). London: Sage.

Plummer, K. (2001) *Documents of Life 2: An Invitation to a Critical Humanism.* London: Sage.

Riessman, C. K. (1993) *Narrative Analysis.* Newbury Park, CA: Sage.

6

ANÁLISE COMPARATIVA

Objetivos do capítulo

Após a leitura deste capítulo, você deverá:

- entender que, depois de criar alguns códigos, você pode começar a organizá-los hierarquicamente;
- saber que essa é uma atividade prática e analítica;
- ver que ela também ajuda a fazer comparações, especialmente usando tabelas;
- entender que as tabelas são uma boa maneira de fazer comparações caso a caso, código com código e cronológicas;
- saber que, por meio dessas comparações, pode-se produzir uma compreensão mais profunda dos dados, elaborar tipologias e desenvolver modelos.

HIERARQUIA DE CODIFICAÇÃO

Depois de agrupar os códigos descritos no Capítulo 4, organizá-los em uma hierarquia de codificação é apenas um pequeno passo. Os códigos que guardam semelhanças ou se referem ao mesmo assunto são reunidos sob o mesmo ramo da hierarquia, como filhos dos mesmos pais (ver Quadro 6.1 para a terminologia usada para referir os níveis da hierarquia). A organização dos códigos em uma hierarquia envolve pensar sobre que tipos de coisas estão sendo codificadas e quais perguntas estão sendo respondidas.

Os ramos podem ser divididos em sub-ramos para indicar tipos de coisas diferentes. Por exemplo, Strauss e Corbin (1998) sugerem que uma parte central de uma codificação aberta, a primeira etapa da codificação, é a de identificar propriedades e dimensões para os códigos. Por exemplo, no Capítulo 4, usando o exemplo da codificação de uma entrevista com Sam, um morador de rua, sugeri que os códigos poderiam ser agrupados sob vários títulos, incluindo "Relacionamentos – final". Alguns desses códigos têm a ver com as causas do final, enquanto outros são relacionados a ações durante o rompimento, e outros, ainda, a consequências do rompimento. Isso sugere três sub-ramos de "Relacionamentos – final", chamados "Causas de rompimento", "Ações de rompimento" e "Consequências de rompimento". Colocar os códigos existentes sob esses pais gera a sub-hierarquia mostrada na Figura 6.1.

QUADRO 6.1 TERMOS USADOS PARA NÍVEIS HIERÁRQUICOS

É um pouco confuso, mas as hierarquias geralmente são lidas e organizadas de cima para baixo, com os itens mais gerais acima e os mais específicos abaixo, como no exemplo à direita. Muitas pessoas reconhecerão essa organização da hierarquia de arquivos e pastas (diretório) do Windows Explorer. Entretanto, geralmente nos referimos às sub-hierarquias como **ramos**, usando a metáfora de uma **árvore**. Uma árvore se desenvolve na outra direção, de baixo para cima, com os itens mais gerais ficando abaixo (no tronco ou **raiz**) e os mais específicos, subdivididos, mais acima, nos ramos.

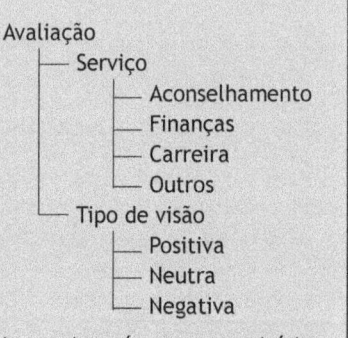

Avaliação
├─ Serviço
│ ├─ Aconselhamento
│ ├─ Finanças
│ ├─ Carreira
│ └─ Outros
└─ Tipo de visão
   ├─ Positiva
   ├─ Neutra
   └─ Negativa

As duas metáforas são misturadas porque a raiz da hierarquia está no topo, seu início. Sendo assim, o código "Avaliação" é a raiz, mas está no topo da hierarquia. Em uma hierarquia, muitas vezes precisamos nos referir às relações entre códigos no mesmo ramo. Para isso, usamos a linguagem do parentesco, e o código mais geral é chamado de **pai**, enquanto os que ficam abaixo dele na hierarquia (em ramos separados) são seus **filhos**. Os códigos da hierarquia que têm o mesmo pai são chamados de **irmãos**. Dessa forma, o código "Avaliação" é o pai dos **irmãos** "Serviço" e "Tipo de visão". "Aconselhamento" e "Carreira" são irmãos, além de filhos de "Serviço".

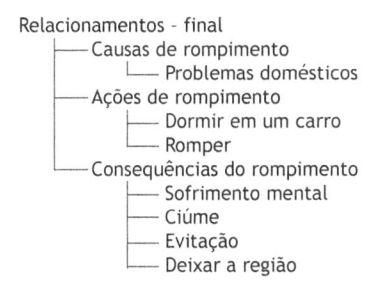

```
Relacionamentos - final
    ├── Causas de rompimento
    │       └── Problemas domésticos
    ├── Ações de rompimento
    │       ├── Dormir em um carro
    │       └── Romper
    └── Consequências do rompimento
            ├── Sofrimento mental
            ├── Ciúme
            ├── Evitação
            └── Deixar a região
```

FIGURA 6.1 Organização de uma nova sub-hierarquia.

Omitir um código, "Relacionamentos como problemas", por não ser relacionado ao final de relações e provavelmente pertencer a um ramo próprio, como irmão de "Relacionamentos - final". Outras ideias que podem ajudar na construção de uma hierarquia de códigos são listadas na Tabela 6.1.

TABELA 6.1 Possíveis tipos de relações conceituais entre pais e filhos em uma hierarquia de códigos

1. São tipos, categorias ou dimensões de...
2. São causados por/causas de...
3. Afetam ou limitam...
4. Acontecem nesses lugares/situações...
5. Acontecem nesses momentos/etapas...
6. Precedem (sucedem)...
7. São explicações de...
8. São consequências de...
9. São feitos por/para esse tipo de pessoa...
10. Razões apresentadas para...
11. Duração
12. Atitudes em relação a...
13. São estratégias para...
14. São exemplos do conceito de...

Adaptado de Gibbs (2002, p. 139).

FUNÇÕES DA HIERARQUIA DE CÓDIGOS

A organização de seus códigos em uma hierarquia traz vários benefícios:

1. Mantém as coisas ordenadas. À medida que a análise avança, você pode gerar uma grande quantidade de códigos. Inicialmente, a maioria deles simplesmente formará uma lista, mas alguns podem estar

em uma hierarquia, talvez por serem derivados de um ponto de vista teórico inicial. Entretanto, uma lista longa de códigos não é muito útil e, portanto, faz sentido transformá-los em uma hierarquia em que as relações possam ser vistas com mais clareza.
2. Pode constituir uma análise dos dados em si. No processo de categorizar as respostas, você desenvolve uma compreensão da visão de mundo dos respondentes. Por exemplo, na sub-hierarquia mostrada na Figura 6.1, pode-se ver não apenas que os finais dos relacionamentos são episódios importantes para Sam, mas também que ele considera que eles são causados por "problemas domésticos" e levam a várias consequências indesejáveis, como sofrer e ficar sem moradia. É claro que outras pessoas podem não ver as coisas dessa forma, e é importante que você compare essas visões com as que são expressas por outros entrevistados. Amplie a hierarquia para incluir códigos também para essa discussão, se ela levanta questões relevantes.
3. Impede a duplicação de códigos. Isso é especialmente provável onde houver grandes quantidades de códigos. A hierarquia possibilita identificar essas repetições com mais facilidade. Geralmente, elas podem ser combinadas em um código.
4. Ajuda você a ver o leque de formas possíveis de interpretação dos elementos (ações, respostas, sentidos, etc.). Isso segue a ideia da teoria fundamentada de que os códigos ou temas têm dimensões (ver Quadro 6.2).
5. Torna possíveis certos tipos de perguntas analíticas, como: as pessoas que realizaram a ação X de certa maneira (comentada de uma certa maneira) também realizaram a ação Y? As características (atributos) das pessoas que fizeram X de certa forma (ou seja, que estão codificadas como filhos desse código) eram diferentes das que a fizeram de outra maneira? Essas questões o levaram a fazer perguntas sobre o padrão de temas e ideias dentro de casos, além de perceber o padrão diferente entre casos. Examinarei os mecanismos de funcionamento dessas comparações na próxima seção.

OS RISCOS DE CODIFICAR E CONSTRUIR UMA HIERARQUIA DE CODIFICAÇÃO

Um problema do desenvolvimento da hierarquia de códigos que acabo de descrever é que você vai precisar voltar a suas transcrições para garantir que seus novos códigos sejam aplicados de forma consistente a todos os dados. Por isso, é uma boa ideia desenvolver a hierarquia e, particularmente, os novos códigos, no início do período de codificação.

Análise de dados qualitativos ■ 101

QUADRO 6.2 REFLEXÃO SOBRE AS PROPRIEDADES E DIMENSÕES DOS CÓDIGOS

Strauss recomenda que se "avance rapidamente para dimensões que parecem relevantes a determina-das palavras, expressões, etc.", durante a codificação aberta (Strauss, 1987, p. 30). "Dimensões" referem aqueles tipos de propriedades que podem ser representados em um contínuo. Por exemplo, a cor tem propriedades como matiz, tom, tonalidade e intensidade, e a tonalidade tem dimensões como escuro, claro e assim por diante. Entre as dimensões típicas estão frequência, duração, extensão, intensidade, quantidade e aparência. O que isso quer dizer é que, ao criar um novo código, você deve pensar sobre as maneiras com que aquilo que ele representa poderia ter surgido, ser mudado, afetar as pessoas, ter diferentes níveis e assim por diante. Use a lista na Tabela 6.1 para refletir sobre o código de que ele pode ser filho ou quais códigos podem ser seus irmãos. Por exemplo, na Figura 6.1, o código "Causas de

Relacionamentos – final
— Causas do rompimento
   — Problemas domésticos
   — Dívida
   — Infidelidade
   — Incompatibilidade
   — Desejo de ter filhos
   — Mudança de emprego
— Ações de rompimento
   — Dormir no carro
   — Rompimento
   — Ficar na casa de amigos
   — Parar de fazer coisas a dois
   — Deixar de se ver
— Consequências do rompimento
   — Sofrimento mental
   — Ciúme
   — Evitação
   — Deixar a região
   — Ficar sem moradia
   — Perder amigos
   — Perder contato com os filhos

rompimento" só tem um irmão no momento, "Problemas domésticos". Pensar sobre as causas do rompimento pode sugerir outras causas como dívida, infidelidade, incompatibilidade, desejo de ter filhos, mudança de emprego e assim por diante. Estas podem ser acrescentadas à hierarquia de forma experimental, e o resto dos dados pode ser examinado para ver se há exemplos desse tipo, nesse entrevistado ou contexto ou em outros, de textos que poderiam ser codificados segundo novos códigos. Esse ponto de vista pode produzir a hierarquia ampliada da direita. Para propósitos de ilustração, esses códigos são bastante descritivos, mas não há razão para que você não faça reflexões sobre códigos mais teóricos ou analíticos.

Como podemos ver no exemplo do Quadro 6.2, mesmo com uma parte de sua análise relativamente restrita, é fácil começar a gerar uma grande quantidade de códigos. Além disso, a hierarquia de códigos pode tender a ficar um tanto profunda (ou seja, com os ramos contendo muitas derivações). Se você estiver usando programas de computador que sustentem essas hierarquias, isso não será um problema, mas se seus programas não derem conta disso ou se você estiver realizando a análise de forma manual, uma hierarquia de codificação muito grande será difícil de administrar. Nessa situação, há coisas que você pode fazer:

- Tente transformar seus códigos em outros, mais analíticos e teóricos (da forma discutida no Capítulo 4) e, assim, reduzir o número de códigos existentes. Isso encoraja o afastamento dos códigos descritivos, que costumam ser uma razão para a proliferação de códigos e suas hierarquias. Na hierarquia do Quadro 6.2, você poderia reunir os códigos sobre as causas de rompimento em um conjunto menor de categorias. Por exemplo, você pode substituir todos os códigos-filho por dois, chamados de "Questões emocionais" e "Questões econômicas". O que está acontecendo aqui é a criação de uma tipologia de causas. Não faça isso de forma superficial. Uma tipologia incorpora uma teoria ou perspectiva analítica implícita. No caso das causas de rompimento, você está sugerindo que elas caem em dois tipos, as predominantemente emocionais e as predominantemente econômicas, mas essa tipologia pode ser útil para a análise porque pode estar associada a outras diferenças e variações nos dados. Por exemplo, você pode descobrir que os episódios que envolvem perda da moradia estão associados com mais frequência a razões econômicas para rompimento (ver também a discussão das tipologias posteriormente, neste capítulo).

- Mantenha sua hierarquia rasa. Deixe a maior parte da lista em dois níveis (ou três, se não puder evitar). Isso pode demandar uma reatribuição de nomes de códigos para que um nível possa ser eliminado. Por exemplo, a hierarquia de três níveis do Quadro 6.2 pode ser reduzida a dois níveis se eliminarmos o nodo de raiz "Relacionamentos – final" e rebatizarmos seus três filhos "Relacionamento – causas do rompimento", "Relacionamento – ações de rompimento" e "Relacionamento – consequências do rompimento". Contudo, isso não é muito organizado, e no caso de uso de programas que conseguem administrar muitos níveis com facilidade, eu não recomendaria essa redução.

COMPARAÇÕES

Com muita frequência, pesquisadores iniciantes desistem de sua análise nesse ponto. Tendo identificado os principais temas e suas subcategorias, eles não seguem adiante. Eles identificaram o "o que está acontecendo" e isso basta. Um sinal claro disso é quando organizam o capítulo de seu relatório referente às descobertas da mesma forma como estruturam o livro de códigos, muitas vezes com seções que seguem os principais ramos, e mesmo com os nomes de seções refletindo os nomes dos códigos. Isso pode dar uma clara descrição do que foi encontrado na pesquisa, mas ainda há muita coisa que pode e deve ser feita com os dados. Especificamente, pode-se procurar padrões, fazer comparações, gerar explicações e construir modelos. Por tudo isso, a hierarquia com seus textos codificados é apenas um ponto de partida.

Por exemplo, podemos examinar textos codificados que foram acessados para procurar os aspectos nos quais as coisas sejam diferentes e aqueles nos quais eles sejam semelhantes e explicar por que há variação e por que não há. Como afirmam Charmaz e Mitchell (2001, p. 165):

> A codificação proporciona a síntese taquigráfica para a realização de comparações entre:
> 1. pessoas, objetos, cenas ou eventos diferentes (p. ex., situações dos membros, ações, descrições ou experiências);
> 2. dados das mesmas pessoas, cenas, objetos e tipos de eventos (p. ex., indivíduos em comparação a si mesmos, em diferentes momentos);
> 3. incidentes comparados a incidentes.

Uma boa maneira de realizar esse tipo de comparação é usar tabelas. As tabelas são de uso comum na análise quantitativa, na qual geralmente são chamadas de tabulações cruzadas e contêm contas ou porcentagens nas células, muitas vezes com totais em colunas e fileiras. Elas representam uma forma conveniente de fazer comparações entre diferentes subgrupos do conjunto de dados e diferentes atributos dos indivíduos. As tabelas usadas na análise quanlitativa possibilitam comparações semelhantes, mas contêm texto em vez de números e, consequentemente, não há totais por coluna ou linha. As tabelas qualitativas são uma forma conveniente de mostrar texto proveniente de todo o conjunto de dados, de uma forma que facilita uma comparação sistemática.

A criação dessas tabelas envolve o acesso ao texto que foi codificado e sua inserção ou, o que é mais comum, de resumos dele em células (ver Tabela 6.2). As linhas, aqui, são dois casos, cada um deles entrevistado de um estudo. As colunas são dois dos códigos usados, um deles codificando o que as pessoas disseram em relação a que tipo de pessoas tinham como amigos (Quem são seus amigos) e o outro codificando texto em que falavam de sua situação de família (Situação familiar). As células contêm um breve resumo do que os entrevistados disseram que foi relacionado a esses dois códigos, incluindo, em um caso, uma citação breve nas palavras do próprio entrevistado.

A Tabela 6.2 é um exemplo muito simples. Normalmente, em um projeto há possivelmente dúzias de códigos e dez ou mais casos (ou entrevistados). Logo, as tabelas serão muito maiores. É possível gerar essas tabelas em um processador de texto usando o recurso de tabela. Mude a configuração de página para paisagem e use margens estreitas e um tamanho de fonte pequeno para que caiba mais conteúdo. (No Word 2007 clique no painel "*layout* da página" e na seção "configurar página"; clique em "orientação", "paisagem". No Word 2003, clique em "arquivo", "configurar página..." e na caixa de diálogos que se abrir escolha "orientação", "passagem". Para efetuar a troca clique no botão "Ok"). Um monitor grande é bastante útil.

Se estiver trabalhando com papel, tente encontrar folhas grandes (como as que são usadas em cavaletes). Mantenha as células em tamanho constante, ou seja, faça linhas mais ou menos do mesmo tamanho entre si e colunas mais ou menos da mesma largura.

Usando tabelas como a 6.2, e principalmente maiores, é possível fazer comparações de duas formas. É possível comparar colunas observando o texto descendente nas células em uma coluna e compará-lo com o texto descendente nas células em uma ou mais das outras células. Use essas comparações para buscar diferenças e encontrar associações. Por exemplo:

- esses tipos de pessoas tendem a agir dessas maneiras, que são diferentes das com que outras agem;
- pessoas nesses tipos de situações se sentem assim, enquanto outras que não estão se sentem de outra forma;
- as pessoas que tiveram certas experiências no passado tendem a falar sobre esse tipo de coisa de forma diferente das que não tiveram essas experiências.

Examinando o conteúdo das células e, se necessário, voltando ao texto original, é possível começar a explicar as diferenças e associações descobertas.

TABELA 6.2 Exemplo de tabela qualitativa: amigos e família

	Quem são seus amigos	Situação familiar
John	Muitos amigos do trabalho, um vizinho, ex-colegas com quem mantive contato, alguns dos tempos de estudante.	Mora com a mulher, dois filhos pequenos (6 e 3 anos). Empregado em tempo integral a 20 km de distância, vai de carro.
June	Convive principalmente com a comunidade, vizinhos, alguns antigos amigos de escola. "Mulheres com quem vou à academia."	Divorciada, mora sozinha. Sem filhos. Não empregada.

Por exemplo, comparando as linhas na Tabela 6.2, pode-se ver como John e June diferem muito em sua situação familiar e pouco nos amigos que têm. Comparar colunas quando só há dois casos é mais limitado, mas, observando a Tabela 6.2, você pode começar a pensar se existe alguma relação entre as situações familiares de John e June e os tipos de amigos que têm.

O QUE AS CÉLULAS PODEM CONTER

As células podem conter uma série de coisas. A mais óbvia consiste nas citações diretas dos entrevistados, retiradas do texto codificado. Entretanto, isso raramente é útil porque sua extensão tornaria a tabela muito grande e de difícil manejo. Além disso, muito texto dificulta o tipo de comparação entre células que as tabelas deveriam facilitar. Na maioria dos casos, é melhor amostrar o que os entrevistados estão dizendo e incluir apenas citações breves, destacadas e representativas. Sendo assim, é mais comum que as células contenham seu resumo ou uma reformulação, em suas próprias palavras, do que está codificado no texto. Isso tem a vantagem adicional de forçar o pesquisador a pensar sobre o que o texto está dizendo e começar a reconhecer o que é importante nele. Ao criar resumos, tente manter a linguagem usada pelo entrevistado. O truque é tornar o resumo longo o bastante para preservar a riqueza das palavras originais, mas, ao mesmo tempo, curto o suficiente para que caiba na célula e garanta que você não fique preso aos detalhes dos textos originais. Você pode usar abreviaturas e convenções, mas verifique se são consensuais, caso esteja trabalhando em equipe. Em vez de incluir longas citações dos manuscritos, simplesmente indique que há uma passagem vívida na transcrição que ilustra a questão, usando um símbolo. Inclua uma referência cruzada à transcrição (com número de página) para poder encontrá-la. A Tabela 6.3 resume as várias opções.

Essa reescrita é particularmente importante se você deseja fazer comparações entre descrições narrativas, como sugerido no capítulo anterior. Se você tiver elementos ou características codificadas da narrativa, simplesmente resuma da forma como sugeri acima. Contudo, você não precisa ter codificado suas narrativas para usar tabelas e analisá-las. Por exemplo, se você começou sua análise representando e resumindo as histórias, para tentar destacar os principais elementos da narrativa, é possível usar esse texto em suas tabelas. Sendo assim, use tabelas para ajudar a comparar elementos narrativos, como a referência a experiências de infância ou a identificação de epifanias entre as narrativas das pessoas.

Para muitos analistas de narrativas, essas comparações são, no mínimo, duvidosas, quando não irrelevantes. Para eles, a ênfase na análise de narrativas está em identificar a singularidade do caso e relacionar os elementos da

TABELA 6.3 O que colocar nas células das tabelas

Possível conteúdo das células	Exemplos
Citações curtas e diretas, trechos de notas de campo com redação mais elaborada	Experiências ruins. "Quando você está sozinho e desanimado porque está pensando em coisas o tempo todo e sua cabeça está confusa o tempo todo."
Sínteses, parágrafos ou resumos	Não quer ser um fardo para as pessoas, ficar na casa dos outros. Sem teto = você não tem casa nem nenhum lugar garantido.
Explicações ou categorizações do pesquisador	Foco em explicações personalizadas (má sorte, rompimento de uma relação) em vez de explicações estruturais (desemprego, pobreza, condição de ex-presidiário).
Classificações ou avaliações sintetizadas	Sentimento de culpa – alto Nível de instrução – baixo
Combinações dos elementos acima	"Não sei como sair por aí perguntando às pessoas ou coisas assim, não é divulgado o suficiente... Se não fosse pelo hospital me trazer aqui [o albergue], me mostrar como chegar aqui, eu não saberia o que fazer. Eu simplesmente ficaria sem ter onde dormir de novo." Falta de habilidades/informações sobre como encontrar moradia. (Sam p. 5)

Adaptado de Miles e Huberman (1994, p. 241).

história de maneira holística para entender como é a experiência do narrador com o mundo. Colocar texto, mesmo representações dele, em tabelas rompe a história e tende a descontextualizar seus elementos, mas não vejo razão para que relatos narrativos que sejam particulares e holísticos não possam ser combinados com comparações caso a caso. Podemos, afinal de contas, estar interessados em como pessoas diferentes contam histórias diferentes. Cada história pode nos contar alguma coisa sobre o narrador, mas não há razão para que não possamos tentar responder perguntas como por que as histórias são diferentes e se há alguma relação entre o tipo de história e os eventos e experiências relatados.

COMPARAÇÕES CASO A CASO

Um uso comum para tabelas é facilitar as comparações entre casos. Os casos podem ser uma variedade de coisas. Com mais frequência, eles são entrevistados, ou grupos deles, como famílias. Esse será o caso dos estudos narrativos e/ou projetos com base em entrevistas. No entanto, os casos podem ser cenas ou contextos investigados em um estudo (como clubes, departamentos de empresas, navios de cruzeiro, consultórios médicos e lojas), eventos (como jogos de futebol, eleições presidenciais, casamentos, entrevistas para emprego e *shows* musicais) ou atividades (como comprar uma casa, fazer refeições, viajar, aprender a dirigir e frequentar clubes). Nesses exemplos, você poderá encontrar seu texto para cada caso vindo de uma série de fontes, incluindo entrevistas, notas etnográficas, observações e documentos coletados. Independente do tipo, os casos a ser comparados devem ser todos do mesmo tipo (por exemplo, entrevistados ou famílias, casamentos ou lojas). Contudo, é possível fazer comparações por entrevistado e, com uma seleção diferente a partir de seus dados e uma tabela diferente, fazer comparações segundo, por exemplo, eventos fundamentais de que eles participaram.

Por exemplo, a Tabela 6.4 compara três cuidadores de pessoas com demência. A primeira coluna indica o cuidador, enquanto a segunda informa alguns detalhes biográficos. Geralmente é útil incluir esses detalhes em relação a cada caso em uma coluna. Se os casos que você estiver comparando não forem de entrevistados, mas, por exemplo, de organizações, inclua descrições breves sobre elas nessa coluna. A segunda e a terceira colunas contêm dados sobre a postura dos cuidadores em relação ao cuidado e seu contato com outros cuidadores, retirados de texto codificado com esses dois códigos. As células contêm uma combinação de citações representativas selecionadas e a síntese do pesquisador.

A Tabela 6.4 é pequena para se adequar ao tamanho da página e porque se destina somente para ilustração. Em geral, uma tabela desse tipo teria tido muito mais linhas para todos os entrevistados (ou casos) do estudo e mais colunas. Se você tem uma lista de códigos de tamanho médio, não será possível incluir colunas suficientes para todos. Você terá que selecionar subgrupos adequados a partir dos códigos e, talvez, construir uma tabela para cada um. Repita a coluna biográfica em cada um deles. Entre os subgrupos típicos estão códigos-irmãos em um mesmo ramo da hierarquia de códigos ou grupos de códigos que você acredita que possam estar relacionados de outras formas.

Organizar os dados em tabelas como essa torna mais fácil fazer comparações caso a caso. Simplesmente compare as células de uma fileira com as de outra. Procurando diferenças e semelhanças entre casos e comparando dados na coluna das biografias, você deve ser capaz de estabelecer alguns padrões. Determinados tipos de casos tendem a estar associados a certos tipos de codificação. Essas tabelas também podem ser usadas para comparar colunas. Uma forma de fazer isso é agrupar o texto das células em uma coluna, para depois produzir uma classificação de subtipos. O reordenamento das linhas pode ser útil aqui (ver Tabela 6.3). Olhando as linhas, pode-se ver se essa classificação está associada a qualquer padrão das outras colunas.

TABELA 6.4 Exemplo de uma comparação entre casos

	Biografia	Atitude em relação ao cuidado	Contato com outros cuidadores
Barry	Cuida de esposa, Beryl, contador, Wests, indústria química, agora aposentado. Moram juntos.	Não tem ajuda externa para cuidar da esposa. "Eu gosto de ter ela em casa." Não abriu mão de muita coisa (com exceção de folgas) – atividades estabelecidas na vida. "Eu gosto de ver que ela está bem-vestida e limpa."	Frequente Cuidador regular da Crossroads (quinta-feira de manhã) Instituição durante o dia nas terças e quintas Frequenta a Sociedade Alzheimer todas as terças de manhã.
Pam	Cuida da mãe, Denise (divorciada 1978). D. está no apartamento da avó. Mora com marido e filho (17). Professora em tempo integral.	Cuidar não é difícil. "Porque ela tem um temperamento muito estável." James (filho) ajuda de vez em quando. Não tinha certeza se a mãe gostaria de D. ir para um novo centro de cuidados. "Mas ela se adaptou muito bem."	Regular Frequenta a Sociedade Alzheimer na maioria das terças-feiras. Alguns bons contatos lá. Dia de assistência nas quartas-feiras. Cuidadora da Crossroads na segunda-feira de manhã e na sexta à tarde.
Janice	Cuida do pai, Bill (esposa falecida em 1978). Mora na mesma casa, de propriedade do pai. Trabalha em meio expediente em uma livraria.	Ajuda externa ocasional. Fica frustrado quando o pai sai "vagando por aí". J. sente falta de caminhadas na montanha com amigos. "Vemos televisão demais."	Ocasional Instituição de dia nas quartas-feiras, na Sociedade Alzheimer à qual compareceu 2 vezes em 3 anos. Não conhece outros cuidadores.

TIPOLOGIAS

O uso de tipologias caso a caso pode ajudá-lo a criar algumas tipologias fundamentais de seus dados. Uma tipologia é uma forma de classificar as coisas, que pode ser multidimensional ou multifatorial. Em outras palavras, pode ser baseada em duas (ou mais) categorias distintas de elementos. Sugeri um exemplo simples no início deste capítulo na discussão sobre como reduzir o número de códigos em relação às causas de rompimentos em relacionamentos. Nesse caso, a tipologia foi desenvolvida pela análise das dimensões de um código e de casos em que é aplicada são eventos (rompimentos de relações) e não entrevistados. A propriedade fundamental de uma tipologia é que ela divide todos os casos de forma que cada um seja atribuído a um ou outro tipo. As tipologias são dispositivos analíticos e explicativos úteis, mas nem todos os estudos produzem uma tipologia. Contudo, quando usadas adequadamente, elas podem ajudar a explicar diferenças fundamentais entre os dados.

> **QUADRO 6.3 CLASSIFICAÇÃO PARCIAL DE CASOS**
>
> Miles e Huberman sugerem que muitas vezes é possível ordenar parcialmente os casos em tabelas (Miles e Huberman, 1994, p. 177-186). Isso é particularmente recomendado se você tiver dimensionado seus conceitos (ver Quadro 6.2). Por exemplo, a última coluna da Tabela 6.4, "Contato com outros cuidadores", pode ser ordenada segundo a quantidade de contato que houve. Indiquei isso com uma palavra no início de cada célula; a seguir, você pode reordenar as linhas da tabela de forma que essa coluna esteja em ordem ascendente (ou descendente) e juntar todas as linhas com o mesmo nível de contato. Se estiver usando um processador de texto, use o comando selecionar nessa coluna para reordenar todas as linhas da tabela (p. ex., no Word, selecione a tabela inteira, incluindo os títulos de colunas, e clique em Tabela: Selecionar... . Na caixa de diálogo, marque a coluna que deseja selecionar no menu e clique OK). Você também pode usar o comando de cortar e colar no processador de texto para mover linhas inteiras para cima e para baixo na tabela. As linhas com a mesma dimensão dessa coluna serão agora agrupadas. Verifique as outras colunas para ver se têm um padrão que se adapte aos grupos que você criou. Se houver, isso pode ser uma indicação preliminar de uma relação entre os dois códigos. No caso da Tabela 6.4, por exemplo, você pode esperar encontrar uma relação entre a atitude diante do cuidado e o grau de contato com outros cuidadores e organizações dedicadas ao tema. O cuidado bem-sucedido de alguém que sofre de demência, indicado por uma atitude positiva diante da situação, parece estar associado ao combate ao isolamento social do cuidador por meio de contatos regulares com um grupo de apoio.

Ritchie e colaboradores (2003, p. 247) discutem um exemplo baseado em um estudo de pais com filhos adultos com dificuldades de aprendizagem. O estudo explorou as razões pelas quais o filho continuou a morar com os pais e sugeriu uma tipologia de quatro categorias de pais, com base em seu reconhecimento da necessidade de considerar medidas alternativas e a probabilidade de ação imediata. Os tipos foram:

- **Evasivos:** pessoas que achavam que nunca seria necessário que os filhos "saíssem de casa", pois sempre seriam cuidados.
- **Postergadores:** pessoas que reconhecem que será necessário agir em algum momento, mas achavam que era cedo ou muito difícil no momento.
- **Debatedores:** pessoas que se sentiam pressionadas entre a necessidade de agir e as dificuldades de implementar a mudança, mas que estavam tentando iniciar o processo.
- **Tomadores de atitudes:** pessoas que já haviam tomado alguma atitude ou feito planos específicos para encontrar medidas alternativas para seus filhos.

Usando tabelas como a anterior para comparar textos codificados, eles concluíram que os evasivos provavelmente se comportavam assim porque tinham menos experiência de separação de seus filhos.

TABELAS DE CÓDIGOS E ATRIBUTOS

Outro uso das tabelas é para comparação entre casos ou amostras inteiras. Nessas tabelas, o conteúdo pode vir do conjunto de dados como um todo ou de uma subamostra. Em geral, as linhas e colunas são códigos, tipologias e atributos. Um atributo é alguma propriedade dos casos. Por exemplo, se os casos forem entrevistados, um atributo pode ser seu gênero. Se forem diferentes empresas, o atributo pode ser o porte da empresa.

Por exemplo, em um estudo com pessoas que estavam desempregadas e procurando trabalho, os entrevistados adotaram diferentes estratégias para procurar emprego: rotineira, casual ou empreendedora. Podemos desejar comparar as estratégias adotadas pelas mulheres com as usadas pelos homens. A Tabela 6.5 mostra a tabela resultante. Como as linhas não são casos, as células dessa tabela podem conter texto tirado de mais de um caso ou entrevistado. Sendo assim, é ainda mais importante pensar cuidadosamente sobre os exemplos que devem ser incluídos e como resumi-los se você inserir suas próprias explicações. Você pode ter que permitir que as células sejam maiores do que seriam em tabelas organizadas caso a caso.

A maneira direta de usar a Tabela 6.5 é questionar como o gênero afetou as estratégias de procurar trabalho, ou seja, comparar as colunas feminina e masculina. Por exemplo, as mulheres mencionaram cuidar dos filhos e se ajustar à agenda do parceiro, enquanto os homens não citaram isso. Antes de decidir que isso é evidência de uma verdadeira diferença de gênero, é preciso eliminar explicações alternativas. Pode haver outros fatores que expliquem a diferença, e será necessário voltar aos dados para verificá-los. Por exemplo, as mulheres podem ser mais jovens do que os homens e, portanto, ter mais probabilidades de ter famílias jovens e parceiros que trabalhem, ou pode simplesmente ser uma questão de como você escolhe e resume o texto para a tabela.

COMPARAÇÕES CRONOLÓGICAS

As tabelas também podem ser usadas para examinar relações entre casos. A Tabela 6.6 fornece uma ilustração. Toda a informação vem de um único caso, uma pessoa com uma doença crônica que foi entrevistada em três ocasiões diferentes, com meses de distância, em um estudo biográfico. As linhas são aspectos significativos de sua vida, e a tabela permite uma com-

TABELA 6.5 Estratégias de busca de emprego por gênero

	Feminina	Masculina
Rotina	Minha rotina é determinada pela exigência do cuidado das crianças (Pauline). Compro o jornal todos os dias, sem falta (June). Eu ia muito à agência Racetrain... Também entrei para o Job Club... Eu tinha um arquivo e um registro de todas as cartas que eu recebia (Sharon).	Eu passava manhãs lendo os jornais. Eu comprava o jornal ou ia à biblioteca. Durante a tarde, eu escrevia para lugares para pedir informações ou preenchia fichas, e à noite lia os jornais vespertinos de novo (Jim). A mesma coisa toda a semana (Harry).
Casual	Não muito, eu simplesmente faço. Acontece. (Susan) Não muito, porque o meu marido trabalha em turnos (Mary).	Sem rotina, mas eu me mantenho em atividade, tipo, me mantenho ocupado, tenho muito o que fazer no jardim (Dave). Não, na verdade, não. Geralmente dou uma olhada na segunda, quarta, sexta, algo assim (Andy).
Empreendedora	Contatos pessoais com empresas e por meio de amigos (June).	Eu... passo... uns dias todas as semanas com uma empresa. Não deixo eles esquecerem que estou lá (John).

Adaptado de Gibbs (2002, p. 191).

TABELA 6.6 Exemplo de uma comparação em um único caso

	Primeira entrevista	Segunda entrevista	Terceira entrevista
Administração da dor	"No início, eu me preocupava com a possibilidade de ficar sem remédios para a dor."	"Eu tento evitar tomar remédio para a dor por causa dos efeitos colaterais."	"Tem horas que eu acho a tontura melhor do que a dor."
Ajuda de parentes	"Meu marido fez o melhor que podia para ajudar, mas nunca cozinhou muito."	"O Fred fez aulas noturnas de culinária. Eu acho que ele gosta bastante agora."	"Nem sei como faria se o Fred adoecesse, os meus filhos moram tão longe."
Independência	"Eu acho que estava tão fechada em mim mesma com essa doença que nem me preocupava em conseguir ajuda."	"Acho muito frustrante ter que pedir ao Fred ou outra pessoa para mover e levantar as coisas para mim."	"Com o novo equipamento eu me sinto muito mais no controle."

Adaptado de Gibbs (2002, p. 192).

paração fácil de como suas visões sobre esses aspectos mudaram (ou não) com o tempo.

Uma comparação cronológica é feita lendo-se cada linha. Dessa forma, podemos ver como as visões da entrevistada em relação a remédios para a dor mudaram à medida que ela começou a conhecer seu uso. O mesmo se pode fazer com outras linhas. Contudo, as explicações podem ser inferidas comparando-se linhas superiores e inferiores da tabela. Por exemplo, a comparação do texto nas células das linhas dois e três e nas colunas dois e três sugere que as noções de independência não são separadas da questão de como os parentes ajudam. Necessitar que alguém faça a comida tem um impacto claro sobre a sensação de independência em um casal em que havia uma divisão de trabalho clara ("Meu marido... Nunca cozinhou muito.").

MODELOS

Um modelo é uma estrutura que tenta explicar o que foi identificado como aspectos fundamentais de um fenômeno em estudo, em termos do número de outros aspectos ou elementos da situação. Sendo assim, você pode explicar os tipos de amizades mantidas por moradores de rua em termos de suas funções (apoio emocional, fornecedores de drogas, lugar para dormir, atividades sociais) ou suas causas (por meio de contato nas ruas, prisão, albergue, etc., habilidade de aceitar contatos pouco frequentes, necessidades emocionais, etc.).

As explicações produzidas ao usar tabelas das formas recém-descritas podem ser fundamentais para criar esses modelos. É a partir dessas comparações, associações e explicações que os modelos fundamentais podem ser construídos e sustentados. O uso de tabelas da forma descrita sugere que qualquer modelo produzido terá surgido a partir de uma leitura minuciosa dos dados e, assim, será minuciosamente sustentado neles. Eles são, nesse sentido, baseado em dados.

MODELOS NA TEORIA FUNDAMENTADA

No Capítulo 4, examinei algumas das sugestões feitas por autores do campo da teoria fundamentada em relação às etapas iniciais da codificação e codificação aberta. É nas etapas seguintes a essa, que Strauss e Corbin chamam de codificação axial e codificação seletiva, que os autores sugerem que você deve estruturar seus códigos na forma de um modelo (Strauss e Corbin, 1998). Obviamente, o modelo deve ser baseado nos dados e, essencialmente, derivado deles de forma indutiva. Tendo refinado sua codificação, reorganizado seu livro de códigos, comparado casos e assim por diante,

Strauss e Corbin sugerem a criação de um modelo que identifique seis tipos de código, listados na Tabela 6.7, junto com uma breve explicação e alguns exemplos retirados de um projeto sobre moradores de rua. A ideia é que cada elemento, a seu tempo, tem uma influência causal sobre o texto. Por exemplo, as condições causais produzem o fenômeno, que, por sua vez, gera as estratégias nos contextos. Estas são mediadas por condições que intervêm, produzindo ações e interações que resultam em consequências.

A etapa final, a codificação seletiva, envolve a identificação de apenas um dos fenômenos ou temas codificados que parecem ser centrais ao es-

TABELA 6.7 Elementos do modelo de codificação axial

Elemento do modelo	Explicação	Exemplos do estudo com moradores de rua
Condições causais	O que influencia os fenômenos, eventos, incidentes, acontecimentos centrais	Perda de emprego, "problemas domésticos", dívidas, problemas com drogas, identidade sexual
Fenômeno	A ideia central, fenômeno, evento, acontecimento ou incidente com o qual um conjunto de ações ou interações deve administrar ou ao lidar ou qual o conjunto de ações está relacionado	Ficar sem moradia, sobreviver sem um lar
Estratégias	Para solucionar o fenômeno; propostadas, voltada a objetivos	Ficar com amigos, vida difícil, busca de ajuda de instituições
Contexto	Localização de eventos	Albergues para sem-teto, cultura de rua, acomodação temporária
Condições que influenciam	Condições que moldam, facilitam ou dificultam as estratégias aplicadas em um determinado contexto	Drogas, ficha na polícia, desejo de ser independente, sexualidade
Ação/interação	Estratégias voltadas a administrar, lidar, superar, responder a um fenômeno sob um conjunto de condições percebidas	Contatos pessoais, redes de amizades, centro de tratamento para drogas, instituições beneficentes, esmola, pequenos furtos, mudança para outra região
Consequências	Efeitos ou resultados de ação ou interação que resultam das estratégias	Destinação a um lar, prisão, hospital

tudo. Você os reconhecerá porque estão ligados a muitos outros elementos de seu modelo ou porque aparecem em um nível superior da hierarquia de codificação.

É necessário escolher um deles como o fenômeno central. Mesmo que haja dois bons candidatos, Strauss e Corbin recomendam que você escolha apenas um, o que costuma ser difícil de fazer. A questão é que, em torno do fenômeno central, você constrói uma história que reúne a maioria dos elementos em seu estudo. Alguns candidatos do estudo com moradores de rua são "ficar sem moradia" e "morar na rua como dependência". Ficar sem moradia, evidentemente, não é algo que aconteça do "dia para a noite". É um processo que combina várias forças externas (estruturais) com algumas decisões pessoais que a pessoa faz. Entretanto, uma vez que isso aconteça, as pessoas passam a depender de outros (amigos, instituições beneficentes ou o Estado) para ter onde dormir e, caso não tenham emprego, para que alguém lhes dê recursos para sua subsistência. Isso cria claramente uma tensão, já que muitos dos moradores de rua fazem um esforço para indicar o quanto são independentes e como não querem depender da ajuda de outras pessoas. Tanto "ficar sem moradia" quanto "morar na rua como dependência" poderia ser um fenômeno central, mas somente um deles deve ser escolhido, já que cada um define um tipo muito diferente de estudo.

Uma vez que você tenha escolhido o fenômeno central, a codificação seletiva consiste em relacioná-lo sistematicamente a outros. Isso pode envolver um pouco mais de refinamento em outros códigos e demandar o preenchimento de suas propriedades e dimensões. Nessa etapa, grande parte do trabalho que você faz envolve a manipulação de códigos: movimentá-los, criar novos códigos, moldá-los ou dividi-los. Nesse momento, a maior parte de sua atividade deve ser analítica e teórica.

☑ PONTOS-CHAVE

- Uma hierarquia de codificação organiza os códigos em grupos em que um código-pai pode ter um ou mais códigos-filho, os quais podem ser pais de outros códigos. Esse recurso é útil para manter as coisas ordenadas e impedir a dupla codificação, mas a categorização envolvida também pode ser considerada como uma etapa na análise dos dados.
- Fazer comparações é uma etapa importante na análise, na qual você pode ir além do nível descritivo. As tabelas são uma maneira útil de situar seus dados para facilitar essas comparações, embora muitas vezes em função da quantidade de dados existentes seja necessário considerar cuidadosamente o que é inserido nas células das tabelas.

Podem ser sumários, resumos, citações importantes ou palavras fundamentais do texto codificado.
- Um uso comum dessas tabelas é possibilitar que você realize uma comparação caso por caso. Um resultado central disso pode ser a criação de uma tipologia de casos baseada em uma ou mais ideias de codificação.
- As tabelas também podem ser usadas para comparar um conjunto de códigos com outro. Em geral, é mais produtivo quando cada conjunto de códigos é do mesmo tipo e, portanto, são prováveis irmãos na hierarquia de códigos. Outro uso das tabelas é fazer comparações cronológicas, de forma que se possa analisar como vários casos ou entrevistados mudaram no decorrer do tempo e em diferentes etapas de sua pesquisa.
- Essas comparações ajudam a entender as relações entre fatores, fenômenos, contextos, casos e assim por diante. Com essa informação, você poderá construir um modelo de uma situação que identifique causas, estratégias, condições que intervêm, ações e consequências.

LEITURAS COMPLEMENTARES

Os textos abaixo discutem as comparações referidas aqui de forma mais detalhada.

Lofland, J., Snow, D., Anderson, L. and Lofland, L.H. (2006) *Analyzing Social Settings: A Guide to Qualitative Observation and Analysis*. Belmont, CA: Wadsworth/Thomson.

Miles, M. B. and Huberman, A. M. (1994) *Qualitative Data Analysis: A Sourcebook of New Methods*. Beverly Hills, CA: Sage.

Ritchie, J., Spencer, L. and O'Connor, W. (2003) "Carrying out qualitative analysis," in J. Ritchie and J. Lewis (eds.), *Qualitative Research Practice: A Guide for Social Science Students and Researchers*. London: Sage, p. 219-62.

QUALIDADE ANALÍTICA E ÉTICA

Objetivos do capítulo

Após a leitura deste capítulo, você deverá:

- perceber que a adequação das orientações tradicionais sobre qualidade de pesquisa, com foco em validade, confiabilidade e generalização, é questionada no contexto da análise qualitativa;
- entender que há uma questão subjacente relacionada ao reconhecimento de que os pesquisadores qualitativos, assim como todos os cientistas, não podem escapar à forma como seu trabalho, em alguma medida, refletirá a origem, o meio e as preferências do pesquisador;
- compreender que isso tem implicações práticas e éticas.

ABORDAGENS TRADICIONAIS À QUALIDADE

Obviamente, pode-se acabar fazendo uma bagunça na análise. Você pode fazê-la de forma equivocada ou não perceber as coisas da forma certa. Suas descrições e afirmações podem ser distorcidas ou tendenciosas e ter uma relação discutível com o que está realmente acontecendo. Sendo assim, como você se certifica de que isso não acontecerá? Como garante que seu trabalho seja altamente qualificado?

Muitas das ideias sobre qualidade de pesquisa foram desenvolvidas no contexto da pesquisa quantitativa. Tem havido uma forte ênfase na garantia da validade, confiabilidade e generalização dos resultados, para que possamos ter certeza das verdadeiras causas dos efeitos observados. Dito de forma simples, os resultados são:

- **Válidos** se as explicações forem realmente verdadeiras ou precisas e captarem corretamente o que está realmente acontecendo.
- **Confiáveis** se os resultados são constantes em repetidas investigações, em diferentes circunstâncias e com diferentes investigadores.
- **Generalizáveis** se são verdadeiros para uma ampla (mas específica) variedade de circunstâncias além das estudadas em uma determinada pesquisa.

Os pesquisadores quantitativos desenvolveram uma série de abordagens e técnicas que são projetadas para garantir que os resultados sejam, o máximo possível, válidos, confiáveis e generalizáveis. Entretanto, eles se baseiam em aspectos como planejamento experimental, teste duplo-cego e amostragem aleatória, elementos que são inadequados ou raramente usados na pesquisa e na análise qualitativas.

Isso significa que não se pode avaliar a qualidade da pesquisa qualitativa? A pergunta gerou muita discussão, nos círculos da pesquisa qualitativa, sobre a existência de técnicas equivalentes para garantir a qualidade desse tipo de pesquisa e até mesmo se essas ideias podem chegar a ser aplicadas aos dados qualitativos.

A validade faz mais sentido se o pesquisador é realista e, nesse caso, vale a pena tentar garantir que a análise esteja o mais próxima possível do que está realmente acontecendo. Por outro lado, para os que assumem uma posição idealista ou construtivista, não existe uma realidade simples em relação a análise deve ser verificada, mas múltiplas visões ou interpretações e, assim, poucas razões para sequer fazer a pergunta. Contudo, mesmo os idealistas têm que aceitar que, embora uma ampla variedade de interpretações e descrições apresentadas pelos pesquisadores possa ser possível, algumas delas serão claramente tendenciosas e parciais, e algumas podem até ser completamente tolas ou equivocadas. Pode não haver verdade simples e absoluta, mas, ainda assim, pode haver erro. Então, a questão de como garantir uma pesquisa de boa qualidade não pode ser ignorada (ver Kvale, 2007). Uma resposta de quem faz análise qualitativa tem sido se concentrar nas possíveis ameaças à qualidade que surgem no processo de análise (ver Flick, 2007b). Examinarei algumas dessas ideias a seguir, junto com algumas das sugestões para boa prática que podem aliviar o impacto dessas ameaças. Contudo, nas últimas décadas, os pesquisadores identificaram uma questão mais fundamental que deve ser enfrentada: a reflexividade.

REFLEXIVIDADE

Dito de forma simples, a reflexividade é o reconhecimento de que o produto da pesquisa reflete inevitavelmente parte das origens e da formação, do meio e das preferências do pesquisador. O modelo científico afirma que a boa pesquisa é objetiva, precisa e não tendenciosa, mas aqueles que enfatizam a reflexividade da pesquisa sugerem que nenhum pesquisador pode garantir essa objetividade. O pesquisador qualitativo, como todos os outros pesquisadores, não pode afirmar que é um observador objetivo, competente, politicamente neutro, posicionado de forma externa e acima do texto de seus relatórios de pesquisa.

Brewer identifica a origem dessas preocupações já em Garfinkel e Gouldner (Brewer, 2000, p. 126-132). Garfinkel mostrou como os pesquisadores sociais estão dentro do mundo que descrevem e inevitavelmente refletem um pouco desse mundo, e Gouldner afirmou que os pesquisadores não eram desprovidos de valores, mas os compartilhavam com o resto da sociedade, e seu trabalho, portanto, não tinha qualquer legitimidade especial. O argumento de Gouldner foi adotado e reforçado por feministas, nas duas últimas décadas, que afirmaram que não apenas a pesquisa pode ganhar legitimidade por meio de um foco autocrítico em procedimentos para examinar suas avaliações, interpretações e conclusões como também deveria estar preocupada com a representação, ou seja, dar voz aos que não a têm, especialmente na forma como a pesquisa é relatada. Essa crítica da possibilidade da ciência objetiva também tem sido levantada por autores antirrealistas e pós-modernistas. Para eles, é inútil tentar eliminar os efeitos do pesquisador: em vez disso, precisamos entender esses efeitos, bem como monitorá-los e relatá-los. Segundo Brewer (2000, p. 129):

> Somos estimulados a ser reflexivos em nossa descrição do processo de pesquisa, nos dados coletados e na forma com que escrevemos relatórios, porque a reflexividade mostra a natureza parcial de nossas representações da realidade e a multiplicidade das versões conflitantes dela.

O resultado final é um foco no que Denzin e Lincoln chamaram de "validade como contabilidade reflexiva" (Denzin e Lincoln, 1998, p. 278). Os pesquisadores, de acordo com eles, devem ser explícitos em relações às suas ideias preconcebidas, às relações de poder no campo, à natureza da interação entre pesquisador e entrevistado, como suas interpretações e sua visão podem ter mudado e, em termos mais gerais, sua epistemologia subjacente. Sugestões para uma descrição do processo de pesquisa que esteja aberto à auditoria por seus colegas são apresentadas no Quadro 7.1.

VALIDADE

Há várias técnicas que tratam da validade ou precisão da pesquisa que você realiza – não no sentido de que seu uso vá garantir que seu trabalho seja um reflexo exato da realidade, e sim como formas de eliminar erros óbvios e gerar um conjunto mais rico de explicações de seus dados.

TRIANGULAÇÃO

A triangulação recebe seu nome a partir do princípio usado na agrimensura. Para obter uma estimativa precisa sobre a distância de um objeto muito afastado, o agrimensor constrói um triângulo cuja base é uma linha reta, e depois observa os ângulos entre ela e o objeto distante, a partir de cada uma das extremidades da linha de base. Com um pouco de trigonometria simples, pode-se calcular a verdadeira distância até o objeto. Usando isso como metáfora, aplicou-se um raciocínio semelhante à pesquisa social. Ao obter mais de uma visão diferente sobre um tema, pode-se obter uma visão precisa (ou mais precisa). Essas visões diferentes podem ser baseadas em diferentes:

- **amostras e conjuntos de dados** (dados cronológica e geograficamente diferentes e resultantes de entrevistas, observações e documentos);
- **investigadores** (equipes ou grupos de pesquisa em diferentes lugares);
- **metodologias e teorias de pesquisa** (etnografia, análise de conversação, teoria fundamentada, feminismo, etc.) (Denzin, 1970).

Alguns autores questionaram a relevância disso para a pesquisa qualitativa. Silverman, por exemplo, rejeita essa abordagem porque ela pressupõe que exista uma realidade única subjacente, da qual se obtêm diferentes visões (Silverman, 2000, p. 177). Como os construtivistas, o autor acredita que cada peça de pesquisa oferece sua própria interpretação de seus resultados e que não faz sentido perguntar qual é mais próxima de uma realidade subjacente.

QUADRO 7.1 SUGESTÕES PARA UMA BOA PRÁTICA REFLEXIVA

1. Examine a relevância mais ampla de seu projeto e seu contexto, bem como as bases sobre as quais são feitas generalizações empíricas – caso sejam realizadas – como estabelecer a representatividade do contexto, suas características gerais e sua função como estudo de caso especial com um alcance mais amplo.
2. Discuta as características de seu projeto e seu contexto que são deixadas sem pesquisa, por que fez essas escolhas e quais implicações para as conclusões de pesquisa resultam dessas decisões.
3. Seja explícito sobre o quadro teórico em que está operando, assim como sobre os valores e compromissos mais amplos (políticos, religiosos, teóricos, entre outros) que você traz a seu trabalho.
4. Avalie criticamente sua integridade como pesquisador e autor, considerando:
   - as bases que justificam as afirmações de conhecimento (duração do trabalho de campo, acesso especial negociado, discussão da extensão da confiança e da sintonia desenvolvidas com os entrevistados e assim por diante);
   - seus antecedentes e suas experiências no contexto e tópico;
   - suas experiências durante todas as etapas da pesquisa, principalmente mencionando as restrições impostas nesse momento;
   - os pontos fortes e fracos de seu desenho de pesquisa e de sua estratégia.
5. Avalie criticamente os dados, ao:
   - discutir os problemas que surgiram durante todas as etapas da pesquisa;
   - definir as bases sobre as quais você desenvolveu o sistema de categorização usado para interpretar os dados, identificando claramente se é um sistema local, usado pelos próprios entrevistados (conceito de *in vivo*) ou constituído pelo analista e, nesse caso, as bases que o sustentam;
   - discutir explicações antagônicas e formas alternativas de organizar os dados;
   - proporcionar extratos de dados suficientes para possibilitar aos leitores a avaliação das inferências e das interpretações feitas a partir deles;
   - discutir as relações de poder dentro da pesquisa, entre o(s) pesquisador(es) e participantes e dentro da equipe de pesquisa, para estabelecer os efeitos de classe, gênero, raça e religião sobre a prática e os relatórios da pesquisa.
6. Mostre a complexidade dos dados, evitando a sugestão de que há um ajuste simples entre a situação em avaliação e sua representação teórica dela, ao:
   - discutir casos negativos que ficam de fora dos padrões e categorias gerais empregadas para estruturar sua análise, que muitas vezes servem para exemplificar e sustentar casos positivos;
   - mostrar as descrições múltiplas e muitas vezes contraditórias proferidas pelos próprios entrevistados;
   - enfatizar a natureza contextual dos relatos e descrições dos entrevistados e identificar as características que ajudem a estruturá-los.

Adaptado de Brewer (2000, p. 132-133).

Contudo, embora a triangulação não possa ser usada, em última análise, para criar uma interpretação única, válida e precisa da realidade, ainda existem usos práticos para ela:

1. Sempre é possível cometer erros em sua interpretação, e uma visão diferente da situação pode esclarecer limitações ou sugerir qual das visões conflitantes é mais provável. O próprio Silverman faz isso quando demonstra como é possível usar dados quantitativos em um estudo qualitativo para reforçar conclusões e sugerir linhas produtivas de investigação (Silverman, 2000, p. 145-147).
2. Como veremos na próxima seção, sempre há uma possibilidade de que informantes não sejam coerentes no que dizem e fazem. Eles podem mudar de ideia em relação ao que pensam e dizem entre uma ocasião e outra, e podem tomar alguma atitude diferente do que dizem fazer. Formas de triangulação de dados (p. ex., observar ações e entrevistar pessoas) são úteis aqui, não para mostrar que os informantes estão mentindo ou errados, mas para revelar novas dimensões da realidade social nas quais as pessoas nem sempre agem de forma coerente (ver Flick, 2007b, para obter mais detalhes).

VALIDAÇÃO DOS ENTREVISTADOS

Como sugeri no Capítulo 2, o processo de transcrição pode ser considerado uma forma de tradução de um meio a outro, sendo que inevitavelmente envolve alguma interpretação. O que se está tentando fazer na transcrição é captar fielmente a visão de mundo do entrevistado, de forma que uma maneira de verificar a precisão da transcrição é perguntar aos entrevistados se você acertou. É claro que não se pode esperar que se lembrem, palavra por palavra, do que disseram, mas devem conseguir identificar qualquer interpretação sem sentido – os tipos de coisas que eles não poderiam ter dito. Porém, os entrevistados podem discordar da transcrição, mesmo que o que eles disseram esteja claro na gravação. Isso pode acontecer por diversas razões:

- Eles mudaram de ideia.
- Eles não se lembram bem.
- Eles interpretam mal a transcrição.
- Eventos que ocorreram nesse meio-tempo alteraram a situação, de modo que eles não podem dizer aquilo em público agora.
- Eles nunca desejaram que aquilo fosse dito em público.
- Eles se sentiram pressionados por colegas ou figuras de autoridade a mudar de opinião.
- Eles estão constrangidos por terem dito.

Isso levanta a questão de a transcrição pode chegar a ser uma cópia fiel do que foi dito. Afinal de contas, o que foi dito o foi em uma conversa privada, enquanto a transcrição é, ou pelo menos tem a possibilidade de se tornar, um documento público. Essas são duas formas muitos diferentes de comunicação.

Você pode até avançar uma etapa e comunicar sua análise (ou um resumo dela) a participantes e entrevistados para ver se o relato é aceitável, convincente e verossímil. Obviamente, em alguns casos apenas partes de sua análise terão muito significado para os participantes (p. ex., um estudo de aquisição de linguagem por crianças), e em outros pode até ser perigoso mostrar partes da análise (p. ex., um estudo etnográfico de fundamentalistas militantes). Mais uma vez, pode haver um dilema quando os participantes discordam de partes de sua análise, as quais você considera sustentadas por evidências.

Sendo assim, o que fazer quando os entrevistados discordam? Há duas opções:

1. Você pode tratar as declarações deles como novos dados e tentar descobrir por que eles podem ter mudado de opinião ou por que discordam de sua análise. Você pode tratar a própria transição de opinião como um dado interessante.
2. O entrevistado quer que sua declaração anterior seja retirada e não usada. Esse é um direito do respondente, principalmente se você usou um formulário de consentimento informado integral, que mencione o direito de se retirar. Você tem poucas opções que não sejam respeitar isso. Você pode tentar convencer o entrevistado de que a mudança constitui um dado válido em si, e assim, tratá-la como a primeira opção. No entanto, se você não tiver êxito, deve respeitar o desejo de seu entrevistado e destruir os dados (ver Flick, 2007b).

COMPARAÇÕES CONSTANTES

Apresentei a ideia da comparação constante como técnica no Capítulo 4. Ali, sugeri que ela deveria ser usada na criação de códigos e no processo inicial de codificação, como forma de verificação tanto dentro de casos quanto entre eles. No Capítulo 6, considerei as comparações caso a caso e outras, de alto nível, como forma fundamental de desenvolver ideias analíticas sobre seus dados. Um ponto fundamnetal dessas comparações é que sejam constantes: continuem ao longo do período de análise e não sejam usadas apenas para desenvolver teoria e explicações, mas também para aumentar a riqueza da descrição em sua análise, garantindo a captura minuciosa do que as pessoas disseram e do que aconteceu.

Há dois aspectos sobre esse processo constante:

- Use as comparações para verificar a *coerência e a precisão* da aplicação de seus códigos, principalmente quando os formular pela primeira vez. Tente garantir que as passagens codificadas da mesma forma sejam realmente semelhantes. Contudo, ao mesmo tempo, fique atento para aspectos em que elas sejam diferentes. O preenchimento dos detalhes do que é codificado dessa forma pode levar a mais códigos e a ideias sobre o que está associado a qualquer variação. Isso pode ser considerado como um processo circular ou iterativo. Sendo assim, desenvolva seu código, verifique se há outras ocorrências em seus dados, compare-os com o original e revise sua codificação (e os memorandos associados) se necessário.
- Procure, explicitamente, *diferenças e variações* nas atividades, experiências, ações, entre outros, que tenham sido codificadas. Particularmente, procure variações entre casos, contextos e eventos. Você pode analisar especialmente para ver como fatores sociais e psicológicos importantes afetam o fenômeno codificado. Por exemplo, a variação pode ser por gênero (masculino e feminino), por idade (jovem, de meia-idade, idoso), atitude (fatalista, otimista, proativa, dependente), origem e formação social (profissão, classe social, moradia) ou educação (privada, pública, superior).

Dois aspectos da abordagem da comparação constante são especialmente importantes para a validade: tratamento abrangente dos dados e administração de casos negativos. Na análise qualitativa, você deve continuar analisando os dados para verificar qualquer explicação e generalização que queira fazer para garantir que não tenha perdido nada que possa levá-lo a questionar sua aplicabilidade. Essencialmente, isso significa procurar casos negativos ou desviantes – situações e exemplos que simplesmente não se encaixem nos argumentos gerais que você está tentando apresentar. Entretanto, a descoberta de casos negativos e contraevidências em relação a uma impressão na análise qualitativa não significa sua rejeição imediata. Você deve investigar os casos negativos e tentar entender por que ocorreram e quais circunstâncias os produziram. Como resultado, você pode ampliar a ideia para além do código, a fim de incluir as circunstâncias do caso negativo e, assim, aumentar a riqueza de seu código.

EVIDÊNCIAS

Um relatório de pesquisa bom e reflexivo demonstrará claramente como foi baseado nos dados coletados e interpretados. Uma forma fundamental para você fazer isso é apresentar ao leitor evidências na forma de citações a partir de suas notas de campo, suas entrevistas e outros documentos que tenha coletado. A inclusão de citações dá ao leitor a sensação da estética do contexto e das pessoas que você estudou, permitindo uma maior aproximação dos dados e possibilitando mostrar exatamente como as ideias e teorias discutidas são expressas pelo que você estudou. Entretanto, as citações precisam ser mantidas sob controle, havendo o risco de se tornarem longas ou curtas demais.

Se as citações são longas demais
- Você as usa para fazer argumentações analíticas em vez de usar suas próprias palavras. Esse talvez seja o mau uso mais comum das citações no trabalho de graduação. Equivale a levar os leitores a fazer a análise por conta própria.
- Elas incluem muitas ideias analíticas e o leitor terá problemas para identificar qual delas a citação estaria ilustrando. Citações longas provavelmente precisarão de uma explicação para orientar o leitor sobre como as interpretar e qual a relação delas com sua análise.

Se as citações forem curtas demais
- Elas podem ficar descontextualizadas. Você pode colocar a citação no contexto em seu próprio texto, mas ela pode nem valer a pena a menos que mostre algum uso particular ou incomum de palavras (um conceito *in vivo*, talvez).

O Quadro 7.2 resume as orientações para incluir citações em seu relatório.

✓ CONFIABILIDADE

Se você realizar a pesquisa sozinho, será difícil mostrar que sua abordagem é consistente com diferentes pesquisadores e diferentes projetos. Entretanto, há algumas coisas que você pode fazer para garantir que sua análise seja o mais consistente e mais confiável possível.

VERIFICAÇÃO DE TRANSCRIÇÕES

Uma coisa simples a se fazer, embora trabalhosa, é garantir que qualquer transcrição realizada não contenha erros óbvios. No Capítulo 2, discuti alguns dos problemas comuns encontrados, especialmente se você usa dispositivos de transcrição. Nesse caso, o conselho é simples: revise várias vezes. Afinal de contas, essa é uma tarefa que você não pode evitar e, na maioria dos

> **QUADRO 7.2 ORIENTAÇÕES PARA O RELATÓRIO DE CITAÇÕES**
>
> - As citações devem estar relacionadas ao texto geral, por exemplo, ao "mundo vivido" do entrevistado ou às ideias teóricas que você tem.
> - As citações devem estar contextualizadas, por exemplo, a qual pergunta foi apresentada essa resposta, ao que veio antes e depois (se for relevante).
> - As citações devem ser interpretadas. Qual ponto de vista elas sustentam, esclarecem, refutam, etc.
> - Deve haver um equilíbrio entre citações e texto. Não mais de metade do texto de qualquer seção ou capítulo de resultados deve ser composta por citações.
> - As citações geralmente devem ser curtas. Tente desmembrar citações longas em trechos menores, conectados por seu próprio comentário.
> - Use somente a melhor citação. Diga quantas pessoas afirmaram a mesma coisa. Use várias citações se elas ilustrarem uma conjunto de diferentes respostas.
> - Citações de entrevistas devem ser apresentadas em estilo escrito. Exceto quando os detalhes forem relevantes (p. ex., estudos sociolinguísticos), é aceitável limpar o texto, principalmente em trechos longos. Os detalhes completos de hesitações, digressões, dialetos e etc. podem deixar a leitura bastante pesada. Use [...] para indicar onde suprimiu digressões.
> - Deve haver um sistema simples de convenções para editar as citações. Informe no final de seu relatório como editou suas citações (p. ex., que substituiu nomes para preservar o anonimato – mas obviamente não indique os dados reais) e forneça uma lista de símbolos usados para pausas, omissões, etc.

Adaptado de Kvale (1996, p. 266-267).

casos, apenas você pode realizá-la. É muito demorada, mas, pelo menos, você vai se familiarizar muito com os dados ao revisá-los.

Inclinação definitória na codificação Um problema específico que ocorre quando você constrói seu sistema de codificação e, principalmente, se tiver um conjunto de dados grande, é que o material que você codificou posteriormente, em um projeto usando códigos estabelecidos antes, pode estar codificado de maneira levemente diferente do material codificado no início. Essa "inclinação definitória" é uma forma de incoerência e é preciso evitá-la. Obviamente, vale lembrar que a revisão constante ajuda. Se você usou comparação constante em sua codificação, provavelmente terá observado alguma incoerência surgindo em sua análise. Outra coisa que é útil nesse caso é escrever memorandos sobre seus códigos, o que possibilita lembrar mais tarde que tipo de raciocínio estava por trás da ideia quando você a desenvolveu pela primeira vez. Releia esses memorandos posteriormente em sua codificação, como parte da revisão para assegurar a coerência.

Equipes Muitos projetos qualitativos são realizados atualmente por mais de um pesquisador e, às vezes, em mais de um lugar. Trabalhar em equipes pode ser uma ameaça e uma ajuda à qualidade. Pode ser um problema em função da necessidade de coordenar trabalhos e visões diferentes, especialmente se os membros da equipe tiverem visões parciais dos dados e ideias distintas sobre análise.

Há duas formas com as quais o analista qualitativo pode operar nessas equipes:

1. *Usando uma divisão de trabalho.* Diferentes pesquisadores podem trabalhar em partes diferentes do projeto examinando distintos contextos ou assumindo papéis diferentes no projeto. Por exemplo, um pode estar coordenando e escrevendo, um segundo fazendo entrevistas, o seguinte fazendo observações e outro, ainda, a análise. As questões nesse momento são coordenar o trabalho que está sendo feito por esses pesquisadores e garantir uma boa comunicação entre eles. A resposta simples é realizar toda a boa prática discutida neste capítulo e promover reuniões regulares e documentadas para que a equipe como um todo possa compartilhar o desenvolvimento da análise. Você deve garantir que todos os membros da equipe tenham acesso a toda a documentação que o projeto está produzindo, incluindo todos os dados coletados, junto com correio eletrônico, cartas, rascunhos e outros materiais produzidos pelos membros da equipe, além de registros de reuniões e discussões voltadas ao aprofundamento da pesquisa e da análise. Se você estiver usando um SADQ, isso pode incluir o acesso dos membros da equipe aos dados em rede e ao programa. Se fizer isso, é possível conceder acesso aos dados somente para leitura (ou distribuir uma cópia "somente leitura" do conjunto de dados) para que não haja alterações conflitantes e nãoregistradas na análise.
2. *Mais de uma pessoa fazendo análise ao mesmo tempo.* Embora seja necessário um rigoroso trabalho conjunto para se ter certeza de que todos saibam o que os outros estão fazendo, pode haver vantagens em compartilhar a análise, porque a comparação do trabalho de um analista com o de outro pode ser usada para evitar vieses, detectar omissões e garantir constância.

VERIFICAÇÃO CRUZADA DE CÓDIGOS

Trabalho conjunto na análise significa que se pode conferir o trabalho de um pesquisador em relação ao de outro, minimizando, assim, o viés do pesquisador e garantindo uma medida da confiabilidade da codificação. Por exemplo, pode-se conferir a codificação de um pesquisador em relação à de outro quando os dois usam os mesmos dados. Isso só tem sentido se já existe um conjunto de códigos consensual e quando for uma verificação da clareza das definições de códigos e da qualidade e consistência com que os pesquisadores codificam o texto. Inevitavelmente, haverá pequenas diferenças nas palavras ou expressões específicas que os pesquisadores decidem codificar. Não se esqueça de que o início e o fim da codificação costumam ser bastante arbitrários. Mais importante é o conceito ou a ideia que está por trás do código, e é isso que deve ser combinado entre as equipes. O conceito representado deve ser claro e sem ambiguidade, e procedimentos como esse podem ajudar as equipes a se concentrar nessa questão.

☑ GENERALIZAÇÃO

Além do uso de citações, você pode demonstrar como sua pesquisa está baseada em seus dados fazendo referência aos casos e exemplos em seu relatório. Contudo, há riscos na forma com que isso é feito. Um deles é a tentação a supergeneralizar. É muito fácil escrever "as pessoas que procuravam moradia... " quando o que você realmente queria dizer era "uma das pessoas que procuravam moradia... ". Você pode achar que as palavras "algumas das" estão implícitas na expressão "as pessoas que procuravam moradia", mas o leitor terá muito mais confiança em sua análise se você disser "uma pequena minoria" ou "mais da metade" ou ainda "60% das pessoas que procuravam moradia" (conforme adequado). O uso desses termos também ajudará a evitar o que se chamou de "exemplificação seletiva", ou seja, o uso de exemplos que não são típicos para tentar fazer uma argumentação geral. É tentador escolher exemplos excepcionalmente fascinantes ou mesmo exóticos para ilustrar sua análise. Como indicou Bryman (1988), muitas vezes os relatórios apresentam apenas alguns exemplos, de forma que o leitor não sabe se eles são típicos, e os autores raramente expõem as bases de sua seleção. O risco é que você venha a usar exemplos exóticos, mas atípicos, para construir um quadro mais geral do que gostaria. Você também pode evitar isso fazendo referências à frequência.

É preciso cuidado para não generalizar além dos grupos e contextos examinados em seu projeto. Em um levantamento quantitativo, com base em uma estratégia de amostragem aleatória adequada, você pode conseguir dizer que, por exemplo, somente 40% dos cuidadores do sexo feminino obtiveram apoio de organizações, em comparação a 84% de cuidadores do sexo oposto. Como se tratava de uma amostra aleatória adequada, você generalizaria a partir dela para a população mais ampla e afirmaria justificadamente que os homens, em geral, recebem mais apoio das organizações do que as mulheres. Contudo, no caso da pesquisa qualitativa, raramente temos qualquer justificativa para isso porque a amostra raramente é aleatória. Na maior parte das vezes, a amostragem qualitativa é realizada em bases teóricas, ou seja, são incluídos diferentes subtipos de indivíduos como representantes desse subtipo (p. ex., mulheres mais velhas de origem asiática) sem considerar que proporção desses indivíduos compõe a população geral em estudo. Eles são incluídos porque você tem razões para acreditar que demonstram alguma coisa interessante e respostas variadas. As diferenças encontradas entre grupos de indivíduos lhe dizem alguma coisa sobre os efeitos dessas diferenças, mas não devemos usar as proporções de entrevistados como a generalização para a população mais ampla.

ÉTICA DE ANÁLISE

A prática ética contribui para a qualidade de sua análise. Ao mesmo tempo, a análise mal feita e mal relatada quase certamente é antiética. Todas as pesquisas causam algum dano ou impõem um custo. No mínimo, são baseadas na boa vontade das pessoas para concederem acesso a suas vidas e tempo para as entrevistas. Felizmente, a boa pesquisa também pode trazer alguns benefícios. Pode ampliar nossa compreensão de forma benéfica para as pessoas e a sociedade e, particularmente, pode gerar mudanças na prática e no comportamento que sejam vantajosas para todos. A chave para a ética na pesquisa é minimizar o dano ou custo e maximizar o benefício.

Mason afirma que a natureza específica da pesquisa e da análise qualitativa cria duas circunstâncias particulares que devem ser reconhecidas (Mason, 1996, p. 166-167). Em primeiro lugar, os dados qualitativos tendem a ser ricos e detalhados, e a confidencialidade e privacidade dos envolvidos na pesquisa são difíceis de manter. Como investigador, você obterá os tipos de detalhes que somente os bons amigos poderiam ouvir. Isso significa que a relação entre pesquisador e informante é caracterizada por confiança mútua e alguma intimidade. É importante que você desenvolva uma prática de pesquisa que reflita isso. Dois princípios que deveriam nortear seu trabalho são que você deveria evitar causar danos a seus participantes e que sua pesquisa deve produzir algum benefício positivo e identificável. Você pode pensar que qualquer tipo de pesquisa, mesmo o tipo falado, que predomina na pesquisa qualitativa envolve algum custo aos participantes, mesmo que seja somente seu tempo. Contudo, muitos participantes da pesquisa qualitativa na verdade gostam de seu envolvimento e obtêm algum benefício real da atividade. Não obstante, em alguns casos, o que se está falando pode ser estressante ou emocionalmente desgastante para os participantes, ou o que eles relatam pode colocá-los em risco (p. ex., em relação a outras pessoas no mesmo contexto, que não querem que você saiba). Sendo assim, não é apenas no momento da coleta de dados que você deve se preocupar com o dano que seu trabalho pode causar. Há aspectos da análise de dados que também levantam questões semelhantes. Aspectos que devem ser considerados com atenção são:

- **Consentimento informado.** Forneça informações sobre a pesquisa que sejam relevantes às decisões dos informantes de ajudá-lo e o faça em linguagem que eles conheçam (isto é, não seja técnico demais). Obtenha consentimento por escrito, e se os participantes não forem independentes (como crianças pequenas), obtenha o consentimento de seus responsáveis. Uma consequência disso, como discuti acima, é que os participantes têm o direito de se retirar a qualquer momento, e se você estiver usando validação pelos entrevistados, eles também têm direito de retirar o que disseram.
- **O anonimato da transcrição.** Discuti algumas das técnicas para garantir o anonimato no Capítulo 2. Garantir a confidencialidade e a privacidade é um problema especial na análise qualitativa em função da riqueza dos dados coletados. Representa um problema ainda maior em pesquisas realizadas dentro de instituições ou em estudos em seu local de trabalho, onde será mais difícil tornar anônimos ou ocultar os detalhes que possibilitam identificar entrevistados e contextos. Você pode ter que deixar claro às pessoas, como parte da obtenção do consentimento informado, que só pode manter seus dados em sigilo até certo ponto. As pessoas que são próximas ao contexto em investigação terão facilidade de saber quem é quem e quais são os lugares envolvidos.
Essa questão não se limita a anonimizar os resultados usados em seus relatórios, podendo ser importante ter certeza de que pessoas não autorizadas não terão acesso aos dados reais. No nível mais básico, isso pode significar não deixar amigos e colegas darem uma olhada nos dados originais, principalmente se eles puderem falar sobre isso com outros, de modo que a informação chegue a seus entrevistados e a pessoas do contexto investigado. É ainda mais problemático quando se está fazendo a pesquisa em uma área muito conflituosa, ilegal ou perigosa, ou as três coisas. Um colega meu fez um trabalho com participantes que eram membros de grupos terroristas na Irlanda do Norte. Ele não apenas teve que ser muito cuidadoso com a origem dos entrevistadores (alguém com o histórico certo, em que eles pudessem confiar), como também tinha que tomar muito cuidado com onde armazenava as transcrições para que estivessem em segurança. O fato de ele não morar na Irlanda do Norte ajudou, mas, mesmo assim, ele teve que ser cuidadoso em relação à armazenagem. Evidentemente, é desnecessário dizer que qualquer trabalho que ele publique será

bastante anonimizado (a menos que ele tenha autorização dos participantes para agir de outro modo).

- **Transcrição.** É claro que você deve garantir que a transcrição (de entrevistas e notas de campo) seja o mais fiel possível ao original, mas lembre-se também, como sugeri no Capítulo 2, de que se a transcrição for feita por outras pessoas elas também ouvirão tudo. Isso significa que você deve ter certeza de que a confidencialidade não será rompida e que essas pessoas também podem ser afetadas pelo conteúdo do que estão transcrevendo. Outra questão que deve ser ponderada é qual a impressão que as pessoas podem ter dos participantes com base nos trechos citados em seu relatório final. As pessoas podem ter falado da forma normal, fragmentada, hesitante, nãogramatical e, muitas vezes, coloquial que costumam usar, e você pode ter feito algum esforço para preservar isso em suas transcrições. Entretanto, a maioria dos participantes reconhecerá suas próprias palavras aos vê-las (mesmo que anonimizadas), e alguns podem ficar chateados ao ver o que disseram relatado de forma literal. Mais uma vez, se você optar por fazer isso, pode ser adequado mencioná-lo nas informações para consentimento totalmente informado.

Em segundo lugar, na pesquisa qualitativa, é difícil prever inicialmente que tipos de coisas você vai descobrir e que tipo de conclusões conseguirá tirar. O foco do estudo pode mudar no decorrer da análise, e isso pode gerar novos dilemas éticos. Como sugere Mason, isso significa que os pesquisadores qualitativos precisam desenvolver uma prática ética e politicamente consciente para lidar com essas questões emergentes. Algumas questões em que isso exerce um impacto específico são:

- **Retorno.** Você pode ter oferecido a seus participantes alguma comunicação sobre os resultados de sua pesquisa. Você deve fazê-lo não apenas de forma que eles sejam capazes de entender, mas também que demonstre que você foi capaz de manter a confidencialidade e a privacidade e que os esforços deles para ajudá-lo valeram a pena.

Contudo, isso nem sempre é tão simples. O princípio geral é que sua pesquisa deve trazer algum benefício aos envolvidos e talvez até à sociedade mais ampla. Surgirão problemas se você estiver estudando pessoas que não acredita que devam estar se beneficiando de seu trabalho. Exemplos mais óbvios são aqueles de quem pesquisa sobre criminosos ou grupos que promovem o ódio, embora, é claro, sua posição pessoal e política possa ter sugerido um grupo mais amplo de pessoas que você desejaria pesquisar, mas que não gostaria que se beneficiassem de seu trabalho. Os pesquisadores nem sempre simpatizam com as pessoas que estão pesquisando, como os que trabalharam com os *hooligans* do futebol e os membros do *National Front* (um grupo extremista e racista do Reino Unido).

Outra questão que surge quando os participantes veem a sua análise é que eles podem achar que você não deu suficiente importância ou credibilidade à sua posição. Sua pesquisa pode ter investigado uma série de visões e não ter sentido qualquer necessidade teórica de dar prioridade ou *status* a uma delas em especial. Em outras palavras, você está assumindo uma visão relativista ou construtivista. Seus participantes podem não ver a situação da mesma forma e achar que o que você disse a seu respeito subestima sua posição ou não é verdade. Uma tática possível é preparar relatórios separados para grupos diferenciados, que só informam detalhes dos grupos específicos a que se destinam. Você pode reservar sua análise comparativa para um público mais privado e mais receptivo nas publicações acadêmicas.

- **Publicação.** Finch (1984) afirma que os pesquisadores qualitativos têm uma responsabilidade especial de prever como os outros poderão usar sua pesquisa, em função do alto grau de confiança e fé gerado entre pesquisador e informante. Particularmente relevantes nesse caso são algumas questões de reflexividade discutidas acima, como dar voz a participantes que, em outras circunstâncias, teriam poucas chances de expressar suas opiniões (embora, como expliquei anteriormente, você possa achar que eles não deveriam ter voz). Além disso, problemas específicos precisam ser tratados aqui se a pesquisa for patrocinada, principalmente se a imprevisibilidade da análise exercer um impacto sobre os interesses dos patrocinadores. Houve vários casos nos últimos anos, em pesquisas sobre saúde e criminalidade, nos quais os patrocinadores (incluindo governos e forças policiais) ficaram descontentes com os resultados finais da pesquisa qualitativa. O problema é difícil de tratar e não há orientações simples de serem seguidas.

PONTOS-CHAVE

- Preocupações tradicionais com qualidade sugerem que a pesquisa deve ser válida (captar com precisão o que está acontecendo), confiável (dar resultados coerentes) e generalizável (ser verdadeira para uma ampla variedade de circunstâncias). Entretanto, a aplicação dessas ideias à pesquisa qualitativa é difícil e, segundo alguns, até mesmo inadequada.
- Os pesquisadores qualitativos devem reconhecer que seu trabalho inevitavelmente reflete sua formação e suas origens, seu meio e suas preferências. Como consequência, é uma boa prática estar aberto a

essas influências e fornecer uma boa descrição de como se chegou a conclusões e explicações. Um aspecto fundamental dessa abertura é a apresentação de evidências em seus relatórios por meio do uso de citações.
- A triangulação e a verificação pelos entrevistados podem ser usadas para evitar erros ou omissões óbvias. A triangulação envolve o uso de fontes de informação variadas e distintas e, junto com a verificação de transcrições e/ou análise com os participantes, podem sugerir novas linhas de investigação e novas interpretações. Use comparações constantes para garantir que as variações adequadas sejam consideradas e que a codificação seja consistente (isso também evitará a inclinação definitória da codificação).
- Trabalhar em equipe pode gerar muitos problemas adicionais na coordenação do trabalho e na análise posterior, mas significa que é possível fazer verificação cruzada, por exemplo, da codificação.
- Evite as tentações de supergeneralização, evitando a exemplificação seletiva e tendo cuidado com afirmações sobre a relevância de seus resultados para contextos mais amplos.
- A chave para a ética é equilibrar o resultado (mesmo que mínimo) que a pesquisa pode causar em relação a seus benefícios. Como os dados qualitativos são muito detalhados, sempre há risco de que a confidencialidade possa ser rompida, de forma que a anonimização é especialmente importante.

LEITURAS COMPLEMENTARES

As questões relacionadas à qualidade e à ética na análise qualitativa são tratadas com maiores detalhes nos seguintes trabalhos:

Flick, U. (2007b) *Managing Quality in Qualitative Research* (Book 8 of *The SAGE Qualitative Research Kit*). London: Sage. Publicado pela Artmed Editora sob o título *Qualidade na pesquisa qualitativa*.

Kvale, S. (2007) *Doing Interviews* (Book 2 of *The SAGE Qualitative Research Kit*). London: Sage.

Marshall, C. and Rossman, G.B. (2006) *Designing Qualitative Research* (4th ed.). London: Sage.

Ryen, A. (2004) "Ethical issues," in C. F. Seale, G. Gobo, J. F. Gubrium and D. Silverman (eds.), *Qualitative Research Practice*. London: Sage p. 230-47.

Seale, C. F. (1999) *The Quality of Qualitative Research*. London: Sage.

8

COMEÇANDO A TRABALHAR COM ANÁLISE QUALITATIVA DE DADOS COM USO DE COMPUTADOR

Objetivos do capítulo

Após a leitura deste capítulo, você deverá:

- entender o desenvolvimento de programas de computador para análise qualitativa de dados, suas vantagens e alguns de seus problemas;
- saber mais sobre três programas, que são examinados detalhadamente: Atlas.ti, MAXqda e NVivo;
- ter instruções sobre como preparar documentos, iniciar um projeto, introduzir documentos e examiná-los;
- saber como realizar codificação e acessar texto usando os programas.

O uso da tecnologia transformou a análise de dados qualitativos de muitas formas. Em primeiro lugar, a introdução de equipamentos de gravação mecânica mudou não somente a forma como os dados qualitativos são coletados, mas também possibilitou novas formas de analisá-los. A facilidade de obter o que parece um registro completo de entrevistas, conversas e outros do gênero possibilitou um exame muito mais minucioso do que estava sendo dito e como estava sendo expressado. A análise de narrativa, conversação e discurso seria extremamente difícil, se não impossível, sem a gravação de voz. Entretanto, desde meados da década de 1980, a tecnologia que teve mais impacto na pesquisa qualitativa foi o computador pessoal, inicialmente no desenvolvimento de análise de dados qualitativos por programas de computador (*software* de análise de dados qualitativos, SADQ) e, mais recentemente, na introdução de tecnologias digitais, como câmeras e áudio e vídeo.

PROGRAMAS ÚTEIS NA ANÁLISE QUALITATIVA DE DADOS

Fica claro, a partir dos capítulos anteriores, que realizar análise qualitativa requer um gerenciamento cuidadoso e complexo de grandes quantidades de texto, códigos, memorandos e assim por diante. Na verdade, pode-se argumentar que o pré-requisito da análise qualitativa realmente efetiva é um gerenciamento de dados eficiente, coerente e sistemático. Esse requisito é um trabalho ideal para o computador. Os programas proporcionam uma forma poderosa e estruturada de administrar todos esses aspectos da análise. Na raiz, um SADQ é um banco de dados, embora possibilite formas de lidar com o texto que vão muito além da maioria dos bancos de dados. Ele permite aos pesquisadores a manutenção de bons registros de suas impressões, ideias, buscas e análises, além de fornecer acesso aos dados para que possam ser examinados e analisados. No entanto, da mesma forma que um processador de texto não escreve textos coerentes, mas facilita muito o processo de escrever e editar, o uso de SADQ pode tornar a análise qualitativa muito mais fácil, precisa, confiável e transparente, mas nunca vai fazer a leitura e a reflexão por você. O SADQ tem uma gama de ferramentas para produzir relatórios e resumos, mas a interpretação fica por conta do pesquisador.

Uma evolução fundamental foi a introdução de programas que pudessem administrar a codificação e o acesso a textos combinados com buscas sofisticadas. Esses programas de codificação e acesso não apenas facilitam a seleção de trechos de texto (ou mesmo partes de imagens) e a aplicação de códigos, mas também tornam mais fácil acessar todos os textos codificados da mesma forma sem descontextualização, ou seja, sem perder qualquer informação sobre a origem desse texto. Mais recentemente, alguns SADQs tentam ajudar também no processo analítico. Os programas oferecem uma série de instrumentos para ajudar o analista a examinar características e relações nos textos. Muitas vezes são chamados de construtores de teorias – não porque consigam construir teoria por conta própria deve-se observar, e sim porque contêm várias ferramentas que auxiliam os pesquisadores a desenvolver ideias teóricas, realizar comparações e testar hipóteses.

RISCOS DO USO DE UM SADQ

Embora haja muitos benefícios potenciais no uso de um SADQ, também há muitos riscos. Fielding e Lee (1998) discutem alguns deles em seu livro. Aqui, os autores examinam a história do desenvolvimento da pesquisa qualitativa e a contribuição dos computadores à luz da experiência dos entrevistados em seu estudo com pesquisadores que usaram um SADQ. Entre as questões identificadas está uma sensação de estar distante dos dados. Os pesquisadores que usam análise impressa se sentiam mais próximos das palavras de seus entrevistados ou de suas notas de campo do que os que usavam computadores, provavelmente porque muitos dos primeiros programas não facilitavam o retorno aos dados para examinar o contexto de textos codificados ou acessados. Por outro lado, os programas recentes são muito bons nisso. Uma segunda questão, como sugeriram muitos usuários e comentadores, é que muitos programas parecem bastante influenciados pela teoria fundamentada. Essa abordagem, discutida nos Capítulos 4 e 6, tornou-se muito popular entre pesquisadores qualitativos e profissionais do desenvolvimento de programas, mas como apontaram Fielding e Lee, à medida que se tornaram mais sofisticados, os programas ficaram menos conectados a qualquer abordagem analítica específica. Um risco relacionado, apontado por algumas pessoas, é a ênfase exagerada nas abordagens de codificação e acesso. De fato, essas atividades são fundamentais num SADQ. Alguns observadores sugeriram que isso contraria os analistas que desejam usar técnicas muito diferentes (como *hiperlinks*) para analisar seus dados, mas está claro que a codificação é central no tipo de análise realizada pela maioria dos SADQ e, embora alguns programas tenham mecanismos para *links*, eles não são tão bem desenvolvidos como os que dão suporte à codificação.

CARACTERÍSTICAS DOS PROGRAMAS

Apesar da predominância de funções de codificação e acesso no SADQ, há outras diferenças de abordagem entre programas. Não estamos nem perto da situação do processamento de textos, em que um programa domina o mercado. Alguns programas são melhores em determinados tipos de análises e melhores para certos propósitos do que outros. Se você puder escolher que programa usar antes de começar sua análise, é importante saber qual deles é bom em quê. Um bom lugar para começar é pelas páginas *on-line* dos editores dos programas. Eles costumam ter versões para demonstração que você pode baixar para experimentar. Geralmente, elas não permitem que os programas sejam salvos e têm número limitado de usos.

No momento da escrita, três programas parecem ser mais usados pelos pesquisadores, e muitos deles estão disponíveis aos estudantes pelas redes universitárias. Eles são o Atlas.ti, agora em sua versão 5, o MAXqda v.2, a mais recente versão de um programa que iniciou como WinMax, e NVivo, atualmente em sua sétima versão, que é uma evolução do programa original da empresa, Nud.ist. Como você verá a seguir, todos têm recursos muito semelhantes:

- importar e mostrar textos no formato *rich text (rtf)*;
- criar listas de códigos, na maioria dos casos, na forma hierárquica;
- acessar textos que tenham sido codificados;
- analisar o texto codificado no contexto dos documentos originais;
- redigir memorandos que tenham sido relacionados a códigos e documentos por meio de *links*.

Entretanto, há diferenças. O MAXqda e o NVivo têm o suporte mais simples para a codificação hierárquica, embora o Atlas.ti suporte hierarquias por seu recurso de rede. Todos os programas podem importar e editar arquivos em "rtf" e podem codificar em direção a uma única palavra. O MAXqda é provavelmente o mais fácil de aprender e tem a interface mais acessível. Todos os programas têm funções de busca muito potentes, com o NVivo tendo provavelmente a mais produtiva, já que inclui buscas por matriz de um tipo que permite o uso de tabelas para comparações (como discutido no último capítulo). Os três programas incluem recursos muito flexíveis para o trabalho em modo de rede ou gráfico. Em todos eles, os itens nos gráficos estão diretamente ligados aos códigos qualitativos e dados, e o Atlas.ti vem com um conjunto de relações lógicas integradas que estão diretamente ligadas à análise.

O resto deste capítulo tratará das funções básicas desses três programas, refletindo os tipos de análises discutidas nos capítulos anteriores. Você verá como construir um projeto, inserir documentos a ser analisados e realizar codificação e acesso simples. O capítulo seguinte vai examinar o que talvez seja a ferramenta mais importante dos SADQ: as buscas. Há instruções para cada uma das funções básicas de cada programa, diferenciados pelo uso dos seguintes ícones:

Análise de dados qualitativos ■ 139

Atlas.ti: MAXqda: NVivo:

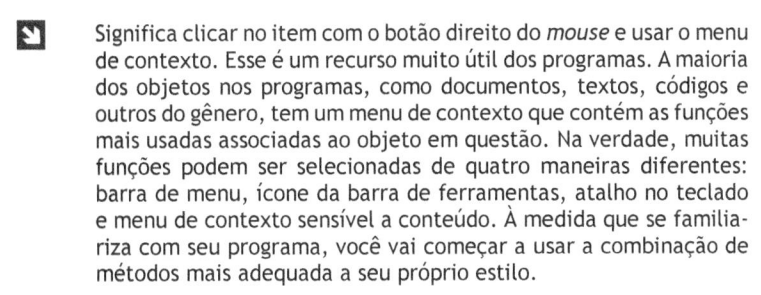

Nas instruções, os seguintes símbolos e convenções são usados:

◤ Significa clicar num menu, botão, etc., com o botão esquerdo do *mouse*.

◤ Significa clicar no item com o botão direito do *mouse* e usar o menu de contexto. Esse é um recurso muito útil dos programas. A maioria dos objetos nos programas, como documentos, textos, códigos e outros do gênero, tem um menu de contexto que contém as funções mais usadas associadas ao objeto em questão. Na verdade, muitas funções podem ser selecionadas de quatro maneiras diferentes: barra de menu, ícone da barra de ferramentas, atalho no teclado e menu de contexto sensível a conteúdo. À medida que se familiariza com seu programa, você vai começar a usar a combinação de métodos mais adequada a seu próprio estilo.

◤ Significa clicar duas vezes sobre o item com o botão esquerdo do *mouse*.

Itens do menu, nomes de botões e outros itens a ser clicados aparecem em negrito. Menus hierárquicos trazem dois pontos entre os níveis. Então, ◤ **Editar:Copiar** quer dizer selecionar o item "Copiar" do menu "Editar".

☑ PREPARAÇÃO DOS DADOS PARA INSERÇÃO NO PROJETO

No Capítulo 2, discuti as questões relacionadas à transcrição e preparação de arquivos eletrônicos para análise e sugeri algumas formas de configurar o arquivo. Além dessas recomendações, há outras orientações a considerar quando esses três programas forem usados. Os três aceitam arquivos no formato "txt" (texto), mas também aceitam no formato "rtf" e trabalham melhor com esse tipo de arquivo (ver Quadro 8.1). Alguns conseguem importar arquivos ".doc" do MS Word, mas funcionam melhor no formato "rtf".

Atlas.ti. A mais recente versão desse programa aceita arquivos em rtf. Entretanto, no Atlas.ti, os parágrafos podem ser agrupados. O final de um grupo de parágrafos é indicado por dois retornos de carro. Isso é importante se você quiser usar os recursos de geração automática de códigos, nos quais é possível selecionar um grupo de parágrafos como a citação a ser relacionada ao código por *link*. Por exemplo, em uma entrevista, você pode colocar dois retornos de carro no fim da resposta de cada entrevistado e usar retornos simples em outras partes.

QUADRO 8.1 TXT E RTF

Txt

É um padrão mínimo, que não inclui informações sobre diferentes fontes, cores, tamanhos de fonte, negrito, itálico e texto em tipo romano, nem justificação. O txt inclui apenas caracteres e um conjunto limitado de sinais de pontuação e símbolos, usando uma extensão ".txt".

Rich text format (.rtf)

Esse formato permite manter diferentes fontes, cores, tamanhos de fonte, texto em itálico e romano, bem como certos aspectos da configuração da página, como linhas justificadas. É melhor fazer todo esse trabalho de formatação em seu processador de texto antes de introduzir os arquivos no programa. No processador, salve os arquivos como rtf. No processador, salve os arquivos como rtf. (No MS Word essa é uma opção do item "Salvar como" do menu "Arquivo", na versão de 2003, ou "Botão Office", na de 2007.) No arquivo em rtf, as palavras em um parágrafo se ajustam a um espaço disponível. Há opção de retorno somente no final dos parágrafos. Alguns programas nem sempre conseguem dar conta dos recursos mais complexos do rtf (como as tabelas). É melhor testar antes com alguns arquivos desse tipo antes de importá-los definitivamente para seu projeto.

Documentos do Microsoft Word (.doc)

Esse formato permite todas as formatações e recursos do rtf e muito mais, de forma específica ao programa Word. Embora alguns programas possam importar arquivos .doc, geralmente é melhor salvá-los como .rtf antes de importá-los. Há muitos recursos, como notas de rodapé e referências cruzadas, que não podem ser usados com os SADQ, e é melhor deixá-los de fora do documento se for possível.

MAXqda. Também aceita arquivos em rtf.

NVivo. Aceita arquivos em rtf. O programa também reconhece seções e partes dos arquivos usando estilos de parágrafo. São os mesmo dos estilos no Word e, com uma exceção, usam estilo do Word como preferencial. As seções são indicadas pelo uso de estilos de cabeçalho: Cabeçalho 1, Cabeçalho 2, etc. Uma seção começa em um parágrafo em um dos estilos de cabeçalho e termina no começo do próximo parágrafo que estiver em um determinado estilo. Seções como essa possibilitam a geração automática de códigos de documentos em NVivo. Uma prática comum nesse caso é colocar o nome de quem fala em seu próprio parágrafo e atribuir ao falante um estilo de cabeçalho. Mais uma vez, a ferramenta de busca pode disseminar resultados à seção demarcada e codificá-la com novo código criado.

ASPECTOS GERAIS

- Ao salvar arquivos como rtf, certifique-se de usar margens normais e espaço simples entre linhas (mesmo que tenha feito diferente ao imprimir as transcrições).
- Sempre torne a ortografia, o espaçamento, etc., a repetição de identificadores dos falantes, cabeçalhos de perguntas, cabeçalhos de seções e cabeçalhos de tópicos consistentes no decorrer do texto, por exemplo, QU1: ou Q1:, e não uma mistura de ambos. Você pode ter que contar com essa uniformidade ao fazer buscas nos textos. É mais fácil usar ferramentas de busca que procurem sequências exatas de caracteres em vez de aproximações. Configure o arquivo de maneira organizada, por exemplo, colocando o nome da pessoa que fala (ou sua identificação) em maiúsculas, e depois digite dois pontos ou tabulação antes do texto propriamente dito. É normal manter o nome da pessoa na mesma linha do texto que segue, mas se estiver usando o NVivo e colocar o nome em uma linha própria (ou seja, em seu próprio parágrafo), poderá selecionar um estilo de cabeçalho que indique uma quebra de seção ao programa que pode ser usada em determinadas opções de busca e codificação automática. Coloque dois retornos de carro antes de cada falante, para que seja mais fácil ler a transcrição (tanto em forma eletrônica quanto impressa). Se estiver usando Atlas. ti, é possível usar dois retornos de carro para indicar uma quebra de parágrafo que é importante para a codificação automática. Nesse caso, você poderá, por exemplo, querer limitar o uso de retornos de carro ao início de cada conjunto de pergunta do entrevistador e resposta do entrevistado.
- Se possível, antes de transcrever grandes quantidades de dados, prepare um pequeno projeto-piloto com um ou dois arquivos, usando um SADQ. Faça alguma codificação e acesso, bem como buscas de texto, para verificar se a formatação dos dados funciona.

NOVO PROJETO

Ao iniciar o programa pela primeira vez, você deverá informar se deseja usar um projeto existente que no atlas.ti é denominado de UH (unidade hermenêutica) ou criar um novo.

(Você também pode ter a opção de abrir um arquivo tutorial nesse momento.) No ícone do programa para iniciá-lo ou selecioná-lo no menu *pop-up* Iniciar: Programas, e então:

Atlas.ti

O diálogo Welcome é exibido. ☞ **Create a new Hermeneutic Unit.** ☞ **OK**. A janela principal do banco de palavras do Atlas.ti é aberta. Ela permanece aberta e fornece acesso por meio de botões e menus às funções do Atlas.ti (ver Figura 8.1). Aparece um texto básico aberto (a entrevista com Barry examinada no Capítulo 4) e alguma codificação. As linhas codificadas são indicadas com um parêntese colorido, e o nome do código associado aparece na linha na parte de cima do parêntese e na mesma cor. Clicar no parêntese ou no nome do código destaca as palavras codificadas (chamadas de citação. Cada um dos menus da lista suspensa (documentos, citações, códigos, memorandos) tem um botão associado, que abre uma janela de gerenciamento de listas.

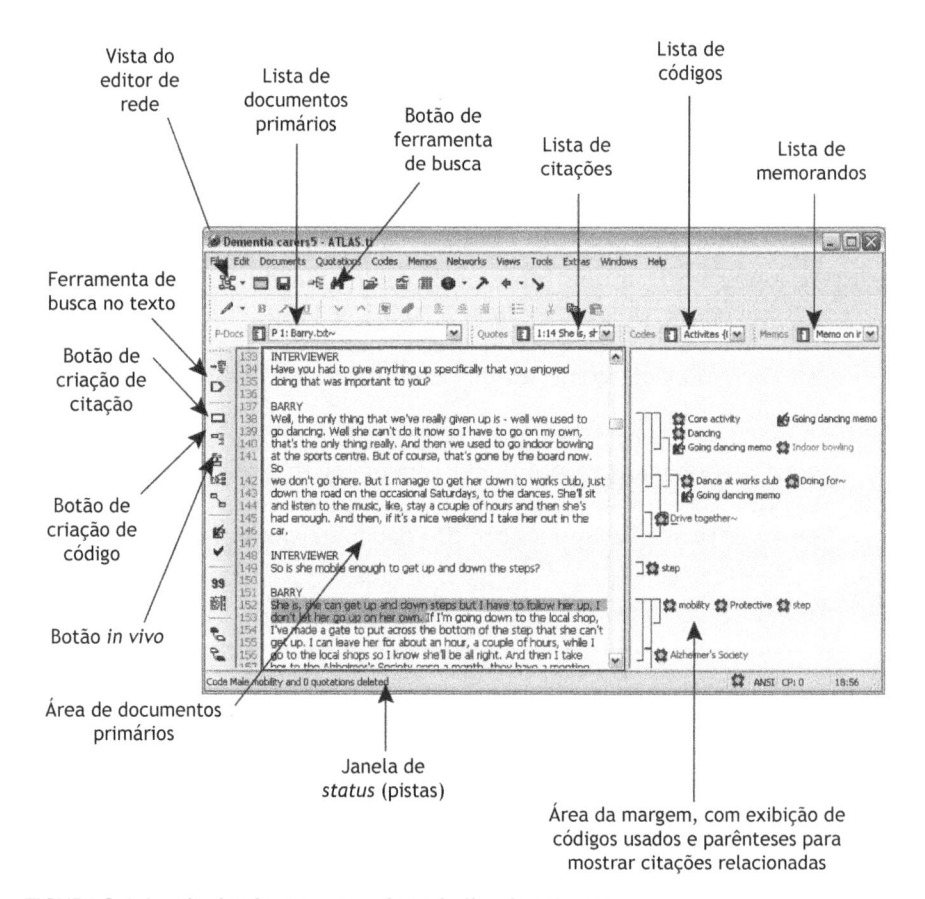

FIGURA 8.1 Janela das ferramentas de trabalho do Atlas.ti.

Análise de dados qualitativos ■ 143

MAXqda

A caixa de diálogo Open Project é exibida. **Create and Open New Project**. **OK** Na caixa de diálogo New Project, informe um nome a seu projeto. **Open**. A área de trabalho do MAXqda é exibida (ver Figura 8.2). Há quatro painéis, *Document System*, *Text Browser*, *Code System* e *Retrieved Segments* (Sistema de Documentos, Navegador de Texto, Sistema de Códigos e Segmentos Recuperados, respectivamente). Os painéis podem ser exibidos ou ocultados de forma independente, bem como expandidos para toda a janela.

NVivo7

Sistemas de código e sistemas de acesso. Os painéis podem ser exibidos e ocultados independentemente, bem como expandidos para toda a janela.

A tela Welcome é exibida. no botão New Project. A caixa de diálogo New Project aparece. Escolha um nome para seu projeto no campo Título e uma descrição, se desejar. no botão Browse para escolher onde salvar o arquivo de seu projeto e em **OK**. A janela principal do NVivo é exibida com o nome de seu novo projeto na barra de título (ver Figura 8.3).

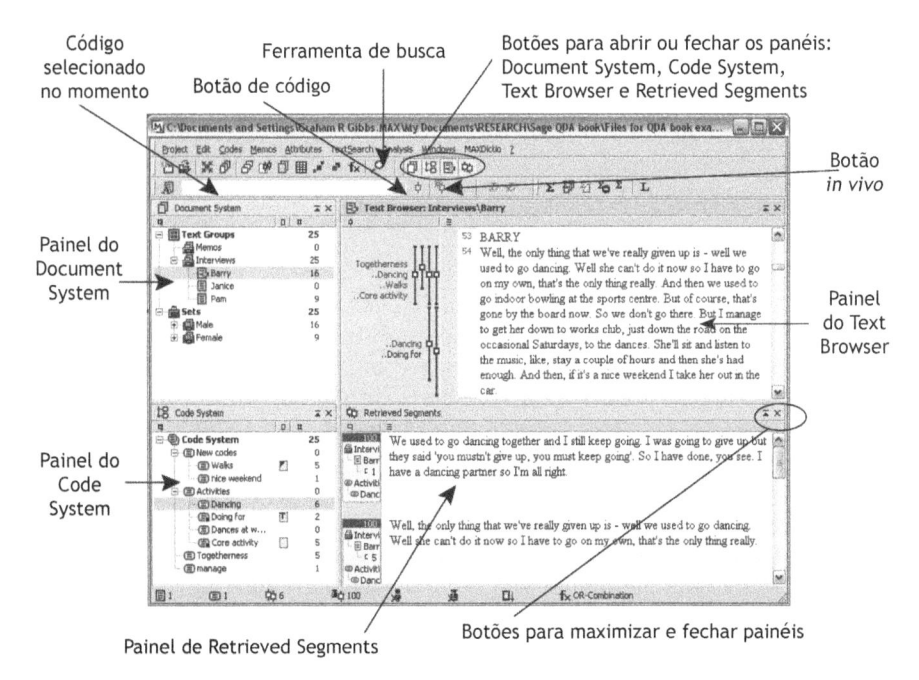

FIGURA 8.2 Janela da área de trabalho do MAXqda.

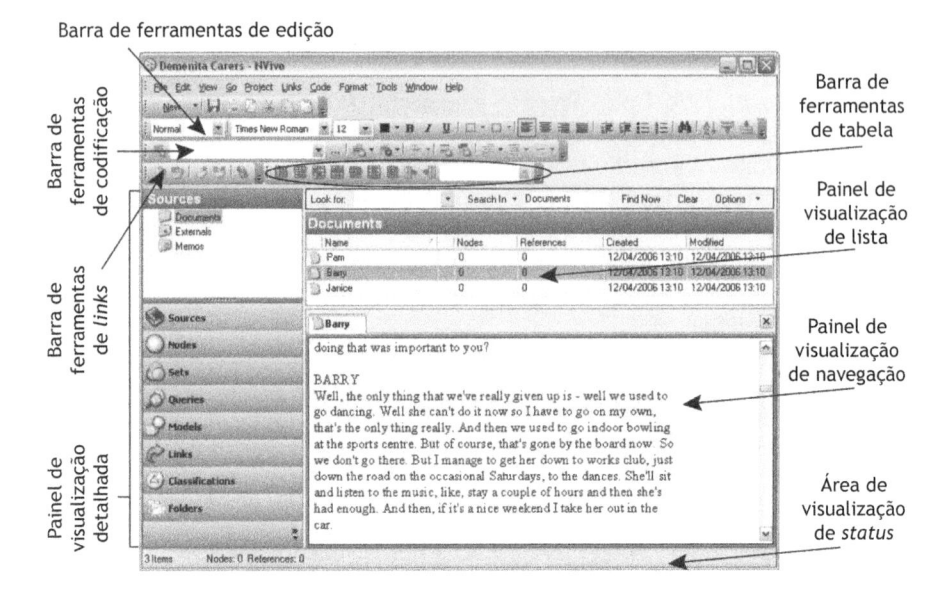

FIGURA 8.3 A Janela principal do NVivo.

BACKUP E SEGURANÇA

À medida que constrói seu projeto e desenvolve sua análise, você vai criar arquivos e estruturas que não deseja perder. Salve seus dados regularmente. Além disso, alguns programas salvam de forma automática e regular os seus dados e produzem cópias de segurança (*backups*) dos arquivos de forma que se o programa ou o computador entrar em pane em algum momento seu trabalho não será perdido.

A maior parte dos dados criados é muito compacta. As informações sobre códigos e *links* ocupam pouco espaço, mas seus documentos e relatórios vão ocupar muito espaço, e você pode muito bem considerar todos os arquivos muito grandes para que caibam em um disquete. Além disso, os disquetes não são um meio seguro, já que se corrompem com facilidade. Recomendo o uso de um cartão *compact flash* ou um disco removível leve para fazer as cópias de segurança. Entretanto, qualquer dispositivo de armazenagem removível de alta capacidade servirá, incluindo CD-ROM ou DVD regraváveis. Ainda que os HDs modernos sejam muito confiáveis, nunca dependa de uma única cópia, pois eles podem falhar. Seu computador pode ser roubado ou alguém pode apagar acidentalmente seus arquivos. Depois de meses de trabalho no projeto, você não vai querer perder todo o seu trabalho.

Além de garantir a preservação de seus dados, é preciso se certificar de que pessoas não autorizadas não tenham acesso a eles, principalmente se você garantiu o anonimato aos participantes. Ninguém além dos membros de confiança de seu grupo de pesquisa deve ter acesso às verdadeiras identidades de seus participantes e dos contextos e organizações em que eles atuam. Embora possa estar acostumado a guardar cópias impressas dessas informações em armários fechados, você pode ser menos cuidadoso em relação a arquivos eletrônicos dos mesmos dados. Não é necessário muito esforço para criptografar todos os seus arquivos, mas usar uma senha em seu computador e em seu SADQ são atitudes recomendáveis – e não anote a senha em um pedacinho de papel colado no monitor. Considere também a eliminação dos dados. No final do projeto, quando todas as publicações tiverem sido finalizadas, considere a possibilidade de arquivar todos os dados em CD-ROM ou DVD (pelo menos duas cópias) e depois guardá-los trancados em algum lugar seguro. Então, você poderá apagar todos os dados em outro lugar (p. ex., em HDs). Destrua cópias não desejadas dos dados armazenados em CD-ROMs e disquetes. Pode até valer a pena comprar um programa especial para substituir (sobrescrever) cópias apagadas de dados em seus HDs ou *pendrives* (apagar no computador não elimina os dados de forma definitiva, simplesmente remove as referências a eles).

DOCUMENTOS

Fundamentalmente, os três programas dão suporte a duas coisas básicas: à armazenagem e manipulação de textos e documentos e à criação e manipulação de códigos. (O NVivo e o Atlas.ti também permitem a produção de *links* com imagens, som e vídeo, e o Atlas.ti permite sua codificação também.) Em torno dessas duas funções básicas, os programas também possibilitam a criação e análise de novas ideias sobre os dados (p. ex., por meio de buscas, redação de memorandos e criação de gráficos), bem como o acesso e o relatório de resultados.

INSERÇÃO DE DOCUMENTOS NOVOS E TRANSCRITOS NOS PROGRAMAS

Ao iniciar um novo projeto, há duas coisas que você pode fazer: inserir seus documentos transcritos (incluindo qualquer memorando já escrito) ou configurar seu sistema de codificação. Evidentemente, se você está seguindo uma abordagem indutiva e exploratória em relação à análise de dados, será necessário inserir e ler os documentos antes de fazer qualquer codificação. Contudo, se estiver baseando sua codificação em, pelo menos, alguma teoria e pesquisa anterior, poderá inserir os códigos no projeto sem que haja qualquer documento no qual trabalhar. Os documentos podem ser acrescentados mais tarde. Na maioria dos casos, todavia, você provavelmente vai preferir trabalhar em documentos e gerar alguns dos seus códigos a partir deles, se não todos.

Atlas.ti

🖱 **Documents: Assign.** Na caixa de diálogo de seleção de arquivos, encontre e selecione o arquivo que você quer atribuir (inserir) na sua HU (unidade hermenêutica).

🖱 **Open.** O nome do arquivo aparece no menu suspenso de documentos primários. Selecionar esse menu exibe seus conteúdos.

MAXqda

No painel **Document System**, ⬇ **Text Groups**, 🖱 **New Text Group**. Digite um nome (p. ex., Entrevistas). ⬇ no nome desse Text Group, 🖱 **Import Text(s)**. Na caixa de diálogo de seleção de arquivos, encontre e selecione os arquivos que deseja importar (inserir). 🖱 **Open.** Como no sistema de códigos, o sistema de documentos é hierárquico. 🖱 nos sinais de mais e menos para abrir e fechar a hierarquia.

NVivo

No painel Navigation View, 🖱 **Sources.** No painel **Sources** 🖱 a pasta **Documentos**. ⬇ no painel de visualização e 🖱 **Import Documents...** A caixa de diálogo Import Documents é exibida. ⬇ no botão **Browse**. Na caixa de diálogo de seleção de arquivos que é exibida, encontre e selecione o(s) arquivo(s) que deseja importar (inserir) em seu projeto. 🖱 **Open** e, na caixa de diálogo Import Source(s), 🖱 em OK.

ANÁLISE DE DOCUMENTOS

Uma vez que você tenha inserido os arquivos, eles permanecem sendo parte do projeto. Você pode examiná-los a qualquer momento.

Atlas.ti

🖱 no menu suspenso do documento primário (ver Figura 8.4), 🖱 no documento que deseja exibir. O documento aparece na área de documentos primários.

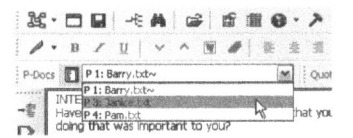

FIGURA 8.4 Menu suspenso de documentos do Atlas.ti.

MAXqda

Em Document System, ✏️ no nome do documento que deseja ver (ou o arraste até o painel Text Browser). Seus conteúdos aparecem no painel Text Browser. No painel Document System, o ícone é alterado para um texto com um lápis.

NVivo

No painel Navigation View, ✏️ em **Sources**. No painel **Sources**, ✏️ na pasta **Documents**. A lista de documentos aparece no painel de visualização de List. ✏️ no nome do documento que deseja exibir. Um painel de visualização de detalhes será aberto abaixo da lista ou à sua direita.

CODIFICAÇÃO

Discuti os processos de codificação no Capítulo 4. Ali, sugeri que é possível estabelecer códigos sem qualquer referência ao texto, o que se ajusta à situação em que você tem uma boa ideia antes de analisar os dados em relação a que tipos de fenômenos e conceitos provavelmente vai encontrar. A seguir, podemos selecionar partes do texto e atribuí-las ou conectá-las a esses códigos anteriores. Por outro lado, todos os programas também dão suporte ao desenvolvimento de codificação diretamente do texto, onde você seleciona algum texto e depois atribui a ele um código novo ou existente.

No Atlas.ti, as listas e os menus *pop-up* de Citação e Código dão suporte à codificação. Os códigos também podem ser organizados em famílias ou grupos. No Atlas.ti, os códigos (bem como documentos, citações e memorandos) podem ser conectados entre si em redes. Em uma visão de rede, os códigos podem ser organizados hierarquicamente ou de qualquer outra forma. As ligações recebem nomes, por exemplo, "é parte de" ou "contradiz", no caso de códigos, ou "critica" ou "justifica", no caso de citações.

Códigos, citações, documentos e outros podem ser exibidos na forma de Windows Explorer no Object Explorer.

A codificação no MAXqda recebe suporte do painel Code System. Todos os códigos no MAXqda são organizados hierarquicamente. Como medida temporária, se você não souber onde colocar novos códigos no resto da hierarquia, é possível criar um código-pai, que irá proporcionar um local, chamado "Novos códigos", e irá mantê-los como seus filhos à medida que os cria. Mova-os para outro lugar da hierarquia mais tarde.

O NVivo chama os códigos de "nodos" e distingue nodos livres e nodos de árvores. Geralmente, quando você cria um nodo pela primeira vez, é um nodo livre que simplesmente é mantido em uma lista. Os nodos de uma árvore têm as propriedades dos nodos livres, mas, além disso, são organizados em uma hierarquia de árvore mostrada no painel de visualização da lista de nodos. Os nodos livres podem ser transformados em nodos de árvore (e vice-versa).

Em cada programa você pode criar, apagar, fundir e movimentar códigos, além de mudar o texto ao qual eles se referem. A qualquer momento, você pode buscar ou exibir o texto codificado, mudar a codificação ou vê-la em contexto. Isso torna o progresso da codificação muito mais flexível do que quando se usa papel. Você pode fazer um pouco de codificação bruta, possivelmente usando a ferramenta de busca no texto (ver próximo capítulo) e depois repassar e revisar o que fez. Pode mudar o texto que está codificado, expandindo-o ou reduzindo-o, como achar conveniente. Pode codificar mais passagens com códigos existentes ao se deparar com elas. Também é possível dividir material codificado se, por exemplo, você decidir que o material codificado por um código representa duas ideias temáticas diferentes. Também é possível fazer buscas nos códigos e, assim, junto com uma inspeção dos dados conectados, como memorandos, o pesquisador pode fazer perguntas sobre os dados e construir e testar teorias. Isso será discutido de forma mais detalhada no próximo capítulo.

CRIAÇÃO DE UM NOVO CÓDIGO

Use esta abordagem quando desejar criar códigos sem se referir a texto, talvez porque seja orientado por alguma teoria existente ou por expectativas em relação ao que espera encontrar. Ao criar códigos (com qualquer abordagem), não se esqueça de manter um registro, seja como comentário ou em um memorando (ambos podem ser armazenados nos arquivos de projeto), do que o código representa e qual é a sua postura sobre ele.

Atlas.ti

🖱 em **Codes: Create Free Code.** Na caixa de diálogo Free Code, digite um nome, 🖱 em **OK**. Será criado um código sem texto codificado a ele.

MAXqda

Na janela Code System, ⬇ no nome de um código ao qual deseja aplicar o novo código-pai, 🖱 **New Code**. Digite um nome.

NVivo

No painel Navigation View, 🖱 em **Nodes**. 🖱 na pasta **Free Nodes**. Na barra de ferramentas principal, 🖱 no botão **New**. (O menu instantâneo muda dependendo do contexto.) 🖱 em **Free Node nessa pasta**. Digite um nome e uma descrição opcional e em 🖱 **OK**.

Se deseja criar um novo nodo de árvore e já criou alguns ramos, então, no painel Navigation View 🖱 em **Nodes** e 🖱 na pasta **Tree Nodes** para ver os nodos existentes. ⬇ no nome de um nodo no painel de visualização de lista que você deseja que seja o pai do novo código (ver Figura 8.5) 🖱 em **Add Tree Nodes...** e digite um nome, etc.

USO DE CÓDIGOS EXISTENTES PARA CODIFICAÇÃO

Esta é a situação mais comum, em que você desenvolveu muitos códigos e está simplesmente trabalhando nos documentos, codificando seus conteú-

FIGURA 8.5 Criação de um novo nodo de árvore no Nvivo usando o menu *pop-up*.

dos. Você lê o texto e identifica uma passagem como sendo sobre o mesmo tema para o qual já tem um código.

Atlas.ti

Selecione o texto que deseja codificar na área de texto primário. ⬛ no texto selecionado, ✓ em **Coding: Code by List**. ✓ no código desejado na janela de lista. ✓ em **OK**. Ou selecione o texto e arraste o código desejado da janela Codes Manager para o texto selecionado.

MAXqda

Selecione o texto que deseja codificar no navegador de texto. Arraste o texto selecionado da janela Code System para o nome do código. Ou, se o nome de código desejado já estiver destacado na barra de ferramentas (ou pode selecioná-lo na lista suspensa), ✓ em **Coding** com o botão ⬛ Quicklist na barra de ferramentas.

NVivo

No documento, encontre e selecione o texto que deseja codificar. ✓ em **Nodes** e ✓ em **Free Nodes** ou **Tree Nodes** no painel de visualização Navigation para exibir os nodos solicitados no painel de visualização de listas. Arraste o texto selecionado ao código solicitado. (Você pode achar mais fácil reorganizar a exibição de forma que possa mostrar uma longa lista de nodos. ✓ em **View: Detail view: Right**.)

CRIAÇÃO DE NOVOS CÓDIGOS A PARTIR DE TRANSCRIÇÕES

Você faz isso quando está seguindo a abordagem indutiva. Você lê o texto, identifica um tema ou conteúdo que possa ser codificado e cria um novo código para ele, codificando o texto imediatamente.

Atlas.ti

No Atlas.ti, isso se chama codificação aberta. Selecione o texto que deseja codificar na área de texto primário de documento. ✓ no botão **Open Coding** ⬛ na barra de botões da esquerda. Uma caixa de diálogo é aberta. Digite o nome do código. ✓ em **OK**.

MAXqda

Se você selecionar somente uma palavra ou uma expressão curta no navegador de texto, pode codificá-la *in vivo*. ✓ no botão In-Vivo-Coding ⬛

na barra de ferramentas. Caso contrário, já deverá ter criado um código. Selecione o texto que deseja codificar no navegador de texto. Arraste o texto selecionado para o nome do código no painel Code System.

NVivo

Selecione o texto que deseja codificar no painel de visualização de detalhes. 🖱 no menu **Code**, 🖱 em **Code: Code Selection em New Node...** A caixa de diálogo New Node é aberta. 🖱 no botão **Select**. Na caixa de diálogo Select Location que é exibida, 🖱 em **Folders** no painel à esquerda, 🖱 em **Free Node** no painel da direita e 🖱 em **OK**. Insira um nome no campo **Name** e uma descrição opcional. 🖱 em **OK**.

VERIFICAÇÃO DE CÓDIGOS EXISTENTES

Quando você tiver criado alguns códigos e/ou realizado um pouco de codificação, use essa abordagem para explorar quais códigos criou.

Atlas.ti

Se um texto primário for exibido, é possível ver os códigos na área de margem (se não forem exibidos, 🖱 em **Views: Margin Area**). Para listar códigos, 🖱 no botão Codes Manager ou 🔲 em **Codes: Code Manager**. A janela Code Manager é aberta. A área abaixo é destinada a breves comentários ou descrições de um código selecionado.

MAXqda

Os códigos são listados no painel Code System (ver Figura 8.6). 🖱 nos sinais de mais ou de menos para expandir ou ocultar a hierarquia.

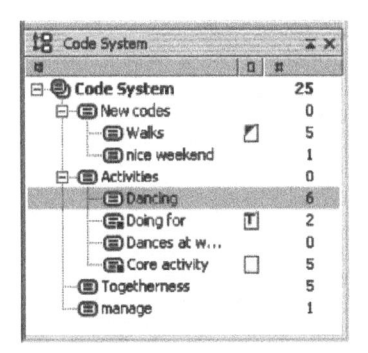

FIGURA 8.6 Painel Code System do MAXqda.

NVivo

Os nós são listados no painel de visualização de listas. ⓚ em **nodes** e depois ⓚ em **Free Nodes** ou **Tree Nodes** no painel de visualização Navigation. No caso de nodos de árvore, ⓚ nos sinais de mais ou de menos para ampliar ou ocultar a hierarquia na exibição da lista.

EXIBIÇÃO DO TEXTO CODIFICADO EM CONTEXTO

Com algum texto codificado, é possível inspecionar os documentos para ver como estão codificados. Esse é um processo extremamente importante na recontextualização de sua codificação. Todos os três programas usam faixas de codificação para mostrar quais linhas estão codificadas. Clicando na faixa, você destacará o texto de forma que possa ver as palavras exatas que estão codificadas e, assim, ver o contexto em que o texto codificado aparece. Se desejar, você pode ampliar ou reduzir a quantidade de texto codificado.

Atlas.ti

Para qualquer documento exibido, o Atlas.ti sempre mostra a codificação associada na área de margem. Se não for exibida ⓚ em **Views: Margin Area**. Clique em um parêntese de codificação para mostrar qual texto está codificado (ver Figura 8.7).

MAXqda

Quando um documento é exibido no navegador de texto, qualquer codificação aparecerá na coluna de códigos da esquerda. ⓚ na barra de codificação para ver exatamente que texto está codificado (ver Figura 8.8).

NVivo

Abra o documento que deseja examinar no painel de visualização de detalhes. ⓚ **View: Coding Stripes.** ⓚ na opção de exibição solicitada. (Codificação plena e Codificação recente são opções úteis.) Se sua opção inclui

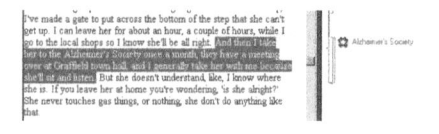

FIGURA 8.7 Parênteses de citação selecionado mostrando texto na citação.

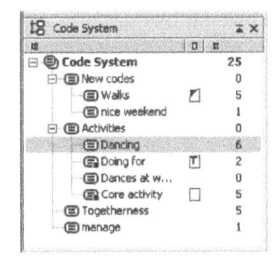

FIGURA 8.8 Barra de codificação selecionada mostrando texto codificado.

mais de sete nodos, você terá que selecionar somente sete de uma caixa de diálogo Select Project Items. As faixas de codificação serão exibidas em um painel à esquerda do texto (ver Figura 8.9). 🔎 na faixa de codificação para ver qual texto está codificado (destacado em ocre).

ACESSOS

Tendo produzido alguma codificação, você desejará continuar verificando todo o texto codificado com um determinado código. O processo é chamado de acesso [ou recuperação]. As células de texto acessadas informam as formas como todos os participantes de seu estudo estavam falando de um determinado tema que o código representa. Portanto, é uma função central de apoio para a comparação constante (ver Capítulo 4) e, assim, contribui para a qualidade de sua análise (ver Capítulo 7). O texto pode ser cortado e colado em seu processador de texto para uso nas citações durante redação final.

Atlas.ti

Abra a janela de listagem de códigos. 🔎 no código que deseja acessar, 🔎 **Output: Quotations for Selected Code.** 🔎 em **Yes**, para inserir comentários. 🔎 em **Editor.** Aparece uma janela de edição com um documento listando

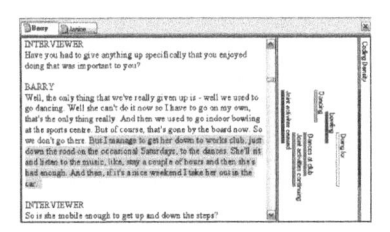

FIGURA 8.9 Documento mostrando faixas de codificação.

todas as citações para o código selecionado com qualquer comentário. Isso pode ser salvo ou impresso. Os conteúdos podem ser copiados e colados em seu processador de texto.

MAXqda

Ative todos os documentos dos quais deseja acessar texto (p. ex., ▶ no nome do grupo de texto no painel Document System, 🖱 em **Activate All Texts.**) Ative um código. (▶ em um nome de código no painel Code System, 🖱 em **Activate**). O texto codificado naquele código nos documentos ativos é exibido no painel Retrieved Segments (ver Figura 8.10). Os conteúdos podem ser salvos ou impressos (p. ex., 🖱 no menu **Project: Export: Retrieved Segments**). Os conteúdos dos textos podem ser copiados e colados em seu processador de texto.

NVivo

Encontre o nodo desejado e 🖱 nele. O texto codificado no nodo é exibido com uma nova guia no painel de exibição de detalhes. A exibição inclui cabeçalhos indicando os documentos de origem dos trechos, o número de vezes e quanto do documento está codificado. Os conteúdos podem ser copiados e colados em seu processador de texto.

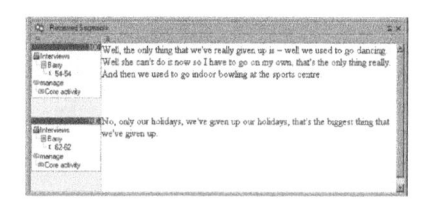

FIGURA 8.10 Painel Retrieved Segments do MAXqda.

PONTOS-CHAVE

- Um SADQ pode ajudar consideravelmente no gerenciamento de conjuntos de dados grandes e complexos. Contudo, as idéias analíticas propriamente ditas devem ser oferecidas por você, o pesquisador. Codificar e acessar consistem em uma função central na maioria dos pacotes, mas os examinados neste capítulo também têm funções como buscas por texto e código, que também ajudam na análise.

- Entre os problemas informados por alguns usuários estão a sensação de distância dos dados e o projeto dos programas influenciado demais pela teoria fundamentada. Contudo, os pacotes modernos têm recursos muito bons para examinar a codificação no contexto e voltar às transcrições originais e, embora muitos tenham sofrido forte influência da teoria fundamentada, todos têm agora uma variedade de funções que os prendem menos a essa abordagem.
- Três pacotes são apresentados: Atlas.ti, MAXqda e NVivo. Todos compartilham os mesmos recursos básicos para trabalhar com documentos *on-line*, codificação, acesso a textos, exibição de codificação e redação de memorandos.
- Antes que seja possível inserir documentos nos pacotes, eles devem ser colocados no formato correto. Os programas aceitam arquivos em rtf, que preservam fontes, tamanho, layout de parágrafos e assim por diante.
- Todos os pacotes organizam os itens em projetos (chamados de unidades hermenêuticas no Atlas.ti). O projeto contém documentos *on-line*, codificação, memorandos, atributos, gráficos e assim por diante. É importante se lembrar de fazer cópias de seguranças de seu projeto com regularidade.
- Novos documentos podem ser introduzidos em um projeto e depois ser verificados e impressos.
- Cada um dos três programas possibilita a exibição de uma lista de códigos, que pode ser organizada ou exibida de forma hierárquica. Novos códigos podem ser acrescentados a essa lista e, depois, são identificadas passagens de texto que podem ser conectadas a esses códigos. Também é possível criar novos códigos diretamente pela seleção de passagens de texto e escolha de um nome ao novo código.
- Uma vez codificado, o texto conectado a um código pode ser acessado na forma de um arquivo único ou impressão em papel, ou é possível visualizar as passagens em contexto nos documentos de origem.

☑ LEITURAS COMPLEMENTARES

Os seguintes trabalhos oferecem mais informações sobre o uso de computadores e programas na análise qualitativa:

Bazeley, P. (2007) *Qualitative Data Analysis with NVivo*. (2nd ed). London, Sage.

Fielding, N. G. and Lee, R. M. (1998) *Computer Analysis and Qualitative Research*. London: Sage.

Gibbs, G. R. (2002) *Qualitative Data Analysis: Explorations with NVivo*. Buckingham: Open University Press.

Lewins, A. and Silver, C. (2007) *Using Software in Qualitative Research: A Step-by-Step Guide*. London: Sage.

Seale, C. F. (2001) *"Computer-assisted analysis of qualitative interview data"*, in J. F. Gubrium and J. A. Holstein (eds.). *Handbook of Interview Research: Context and Method*. Thousand Oaks, CA: Sage, p. 651-70. Ver também *CAQDAS Networking Project at the University of Survey UK* (caqdas.soc.surrey.ac.uk).

9

BUSCAS E OUTRAS ATIVIDADES ANALÍTICAS COM O USO DE *SOFTWARES*

Objetivos do capítulo

Após a leitura deste capítulo, você deverá:
- saber a relevância das buscas como técnica analítica importante e como os computadores realizam a tarefa com alta qualidade;
- conhecer mais sobre dois tipos de buscas que podem ser feitas por um SADQ e que são examinadas neste capítulo: buscas por palavras ou expressões e por códigos;
- entender que o primeiro tipo envolve buscas por textos;
- entender que o segundo permite a realização dos tipos de comparações analíticas discutidas no Capítulo 6.

BUSCA

Em grande parte do tempo, fazer análise qualitativa consiste em ler o texto e procurar coisas nele. Às vezes, isso é difícil de fazer porque é difícil manter o foco na tarefa. À medida que você lê o texto, é fácil se interessar por outras coisas que encontra – um risco ocupacional da pesquisa qualitativa, pode-se dizer. Você também pode ficar entediado e ao fazer tarefas repetitivas, como procurar ocorrências de termos e expressões específicos. O risco é que isso produza vieses na forma como você codifica e, assim, nas conclusões que poderá tirar de sua análise. Essa é uma das áreas em que os computadores podem ajudar. Eles não sentem tédio. Programas de computador fazendo buscas em texto, ou em uma determinada combinação de texto codificado, encontrarão cada ocorrência exatamente como foi especificado. A busca informatizada não substitui a leitura e a reflexão, mas pode ajudar para que o exame dos textos e sua análise sejam mais completos e confiáveis,

BUSCA POR PALAVRAS OU EXPRESSÕES

Todos os três programas do tipo SADQ contêm ferramentas de busca que tratam dessas questões e permitem buscar texto de forma sofisticada. Em sua maior parte, o uso das buscas de texto se dá por duas razões: para codificar texto ou para conferir se está completo. No Capítulo 4, vimos como a codificação pode ser realizada pela leitura dos documentos e marcação ou codificação das seções do texto. O processo envolve ler o texto, decidir de que se trata (seu código ou tema), conectá-lo a um código (marcando o texto) e depois procurar mais passagens sobre o mesmo tema e codificá-las da mesma forma. Há várias maneiras em que as buscas podem ajudar nisso.

Conhecendo seus dados Como você ainda vai precisar conferir o texto que encontrou, esse tipo de busca pode ser usado como forma de conhecer seus dados. Uma tática que você poderia adotar aqui é buscar termos que possam estar conectados a seus palpites teóricos e depois verificar as passagens acessadas ou encontrar os documentos originais. Os programas conseguem criar nova codificação como resultado da busca. Tenha em mente que você não precisa guardar os resultados. A qualquer momento, você pode eliminar códigos ou decodificar passagens irrelevantes, ou modificar o texto codificado se o programa encontrou muito ou pouco texto.

Busca de passagens semelhantes Uma atividade fundamental na codificação é procurar passagens semelhantes. Muitas vezes, as passagens já codificadas contêm termos, palavras ou expressões que podem ocorrer em outros lugares e indicar tópicos semelhantes. Coloque esses termos na ferramenta de busca de texto para encontrar todas as ocorrências seguintes.

É claro que isso não significa que você terá encontrado todas as passagens que podem ser codificadas com aquele código. Pode haver passagens relevantes que não contenham as palavras que você está procurando ou os entrevistados podem estar se expressando de outras formas, usando termos equivalentes ou sinônimos dos que você procurou. Alguns desses você poderá encontrar nas novas passagens identificadas na operação de busca inicial, e eles podem, por sua vez, ser usados como novos termos de busca. Mesmo assim, não há garantia de que a busca seja completa. As pessoas podem falar sobre coisas que lhes interessam sem mencionar qualquer dos termos fundamentais que você buscou. Você ainda terá que ler o texto e buscar esses outros candidatos a codificação.

Além de deixar de encontrar algumas passagens relevantes, a busca por computador pode encontrar passagens que não têm qualquer relevância, que contêm os termos da busca, mas que não são realmente o tema ou a ideia em questão. Às vezes, isso se dá porque eles estão relacionados ao mesmo tema, mas expressam um ponto de vista diferente ou oposto. Nesse caso, você pode considerar a criação de alguns novos códigos para eles. Em outros casos, não há ligação alguma com a ideia original da codificação, e as passagens podem ser ignoradas (ou descodificadas). Sendo assim, cada resultado de uma operação de busca precisa de você, do humano, para fazer uma leitura do que foi encontrado e avaliar seu significado e sua relevância para os conceitos relevantes. O uso dos programas para efetuar busca vai garantir que você encontre coisas que poderia ter deixado passar, mas não pode garantir que só encontre textos relevantes.

Procura por casos negativos Outro uso importante para a busca de textos é uma forma de conferir o quanto sua codificação está completa e válida. Isso geralmente significa buscar o que se conhece como casos negativos, como discutido no Capítulo 7 (ver, também, Flick, 2007b). Se, após um exame exaustivo dos dados, pudermos encontrar apenas uns poucos casos negativos (ou, melhor ainda, nenhum), podemos estar mais seguros de que nossa explicação tem alguma validade e alguma base nos dados. Se você usar texto acessado a partir de um código para ver se há algum caso negativo pertinente a um determinado contexto, estará contando com o fato de não ter deixado escapar qualquer exemplo importante quando fez a codificação. Mais uma vez, a falibilidade do pesquisador humano é uma limitação. É fácil não ver exemplos fundamentais de texto que deveria ser codificado no código em desenvolvimento porque você não espera encontrá-lo nesse caso específico, ou porque ele não assume a forma das palavras nas quais você está pensando. São exatamente esses tipos de exemplos que provavelmente constituirão os casos negativos que são tão importantes na verificação de validade. Os computadores não são afetados por essas falibilidades. Uma busca por computador pode ser, portanto, uma forma de garantir que não haja exemplos óbvios de texto (usando termos e passagens conhecidos e sobre os quais é possível refletir) que deveriam ser codificados com o código em questão. Entretanto, ainda que seja útil, é importante não se deixar levar pelo entusiasmo. O computador nunca poderá fazer todo o trabalho por você. Sempre haverá exemplos de texto que não se enquadrarão em qualquer padrão de busca e só serão descobertos por uma leitura cuidadosa dos documentos.

Essa abordagem às buscas se chama busca léxica. É uma abordagem muito útil não apenas para encontrar as ocorrências de termos fundamentais, mas também para verificar os contextos em que elas ocorrem. Isso permitirá descobrir as variedades de conotações dos termos e o tipo de imagens mentais e metáforas associadas a elas. Mas, como apontam Weaver e Atkinson (1994), você precisa estar ciente de que a codificação resultante pode diferir em aspectos importantes do que você poderia produzir usando outras estratégias (como uma leitura atenta do texto). Entretanto, isso pode ser uma vantagem. Outras abordagens tendem a refletir, talvez de forma excessiva, as concepções do analista, enquanto a busca léxica é muito mais aberta.

Ao fazer buscas, você não tem que se ater exclusivamente aos termos e ao tema em questão. Enquanto verifica uma passagem de texto, você pode muito bem se deparar com outras ideias, temas e questões que também são importantes para a codificação. Codifique rapidamente o texto em um novo código e escreva um memorando para captar a ideia que teve. Depois volte à sua busca original.

REALIZAÇÃO DE UMA BUSCA LÉXICA SIMPLES

Atlas.ti

no botão Text Search   A caixa de diálogo Text Search é exibida (ver Figura 9.1).

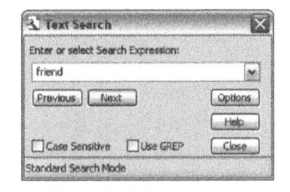

FIGURA 9.1 A caixa de diálogo de busca textual do Atlas.ti.

Digite o termo que deseja buscar e 🖱 em **Case Sensitive*** se for o caso. 🖱 em **Next**. O documento em exibição é submetido a busca e quando, se encontrar um termo correspondente, o texto é mostrado com o termo destacado. A caixa de diálogo Text Search é não modal, ou seja, você pode trabalhar no texto do documento enquanto ele permanece aberto. Sendo assim, agora você pode codificar qualquer texto apropriado que tenha encontrado. 🖱 em **Next** para encontrar a próxima ocorrência. Quando um documento for concluído, você deverá informar se deseja efetuar buscas em outros documentos na unidade hermenêutica (UH).

MAXqda

🖱 no botão Search (🔍). É exibida a caixa de diálogo Search. 🖱 no botão **New** e digite o termo ou sequência para busca. 🖱 nas caixas de seleção para determinar como deseja fazer a busca (p. ex., para encontrar somente palavras inteiras). 🖱 no botão **Run Search**. Aparece uma janela de Search Results. (ver Figura 9.2). Ela mostra quais sequências de busca foram encontradas em quais documentos. 🖱 nelas para mostrar a sequência, selecionadas por contexto, no painel Text Browser. A janela Search Results é não modal, ou seja, você pode trabalhar no documento enquanto ele permanece aberto, podendo codificar qualquer texto apropriado que tenha encontrado.

NVivo

🖱 em **Queries** na lista do painel Navigation View e 🖱 na pasta **Queries** que aparece no topo do painel. 🖱 no botão **New** (na barra de botões). 🖱 em **Text Search Query in this Folder**... É exibida a caixa de diálogo Text Search Query (ver Figura 9.3).

Digite o termo ou sequência para busca. 🖱 em Run. Os resultados aparecem no painel Detail View sob uma nova guia. Cada documento em que houver algum texto é listado. 🖱 em cada um para ver o texto encontrado em destaque (role para baixo para encontrar outras ocorrências). Você pode codificar qualquer texto que seja apropriado enquanto lê.

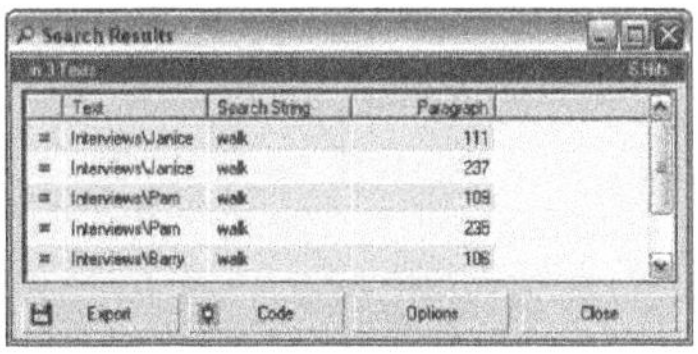

FIGURA 9.2 Janela de resultados de busca do MAXqda.

---

* N. de R.T. Para diferenciar palavras em maiúsculas das em minúsculas.

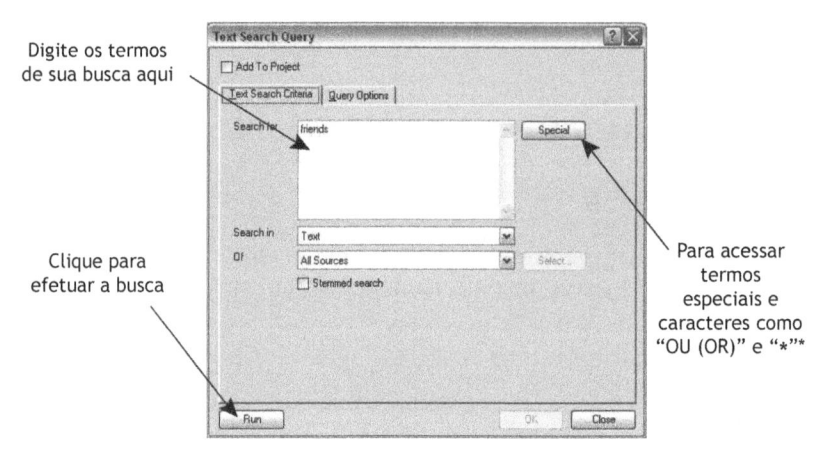

FIGURA 9.3 Caixa de diálogo Text Search Query do NVivo.

Você pode buscar mais de uma palavra ao mesmo tempo e variações das palavras usando caracteres-coringa e caracteres especiais. (Para inserir o caractere | use a tecla shift).

	Sequência de busca	Resultado
Atlas.ti	Caminhar|caminhada caminhadas	"caminhar" e/ou "caminhada" e/ou "caminhadas", etc. caminhar* qualquer variação de "caminhar", "caminhada", "caminhadas",
MAXqda	Insira várias palavras e clique no botão **OR (OU)**	"caminhou", "caminhado", etc.
NVivo	OR caminhadas caminhar*	"caminhar" e/ou "caminhada" e/ou 'caminhadas', etc. "caminhar" e/ou "caminhada" e/ou "caminhadas" qualquer variação de caminhar como "caminhada", "caminhar", "caminhadas", etc.

---

* N. de R.T. Os caracteres lógicos como e (and) e ou (or) servem para ampliar ou restringir as buscas. O caracter * é um coringa que substitui outros caracteres.

UM EXEMPLO

Para ilustrar alguns desses processos, examinarei um exemplo de um projeto que entrevistou um grande número de pessoas em Yorkshire, no Reino Unido, que estavam desempregadas. Entre outras coisas, perguntou-se sobre sua busca de trabalho. Uma atividade que vários entrevistados mencionaram foi o uso de redes informais como forma de encontrar trabalho, e um deles mencionou o papel do "boca a boca" para ficar sabendo onde havia vagas. Foi realizada uma busca de palavras relevantes no texto para ver se alguém mais falava disso. Por exemplo, as palavras parceiro, parente e amigo foram buscadas.

Quando se faz uma busca como essa, o texto que se encontra é uma mistura de material relevante, material relevante com alguns trechos ausentes, resultados falsos e resultados adequados, mas não relevantes. A busca acima, por "parceiro", "parente" e "amigo", resultou nas seguintes passagens de texto. (As palavras encontradas estão em negrito, para que você possa identificá-las. Observe, também, que vários desses falantes usam formas dialetais de Yorkshire, tais como omitir o artigo definido: "prá" ao invés de "para a" e "tu foi" ao invés de "tu foste".)

TOM:

Eu geralmente procurava no jornal na quarta ou na quinta – no jornal local, e só. Bom, eu tentava ficar de orelha em pé, para o caso de alguém saber de alguma coisa. Sempre perguntava aos **amigos**, perguntava por aí.

ASSAD:

Sei lá... Acho que o boca a boca é mais eficaz do que qualquer outra coisa. Numa dessas, do nada, um **amigo** diz "eu tenho um serviço legal aqui, e talvez você goste". É melhor do que qualquer outra coisa, pensando bem.

BRIAN:

Ele estuda engenharia química na Universidade Stonehaven, e eu poderia amigavelmente trabalhar com ele, mas, na verdade, o número de vagas disponíveis é relativamente pequeno, e se você não tem experiência como professor, é claro que as chances são menores.

ENT:

Como você ouviu falar desse emprego?

MALCOLM:

Amigo meu, mora bem naquela rua. É gerente dum dos departamentos.

ANNA:
> Eu voltei a trabalhar, setembro a março, antes de deixar de ser necessário, e depois disso eu fiquei em casa 12 meses – bom, 11 meses – e eu tinha uma **amiga** que trabalhava na DHSS, e ela me disse "Você deveria pegar um atestado do seu médico e dizer que precisa ficar em casa".

Os dois primeiros resultados, os trechos de Tom e Assad, e o quarto, de Malcolm, parecem relevantes. Entretanto, não fica claro se Assad está realmente usando redes informais ou só falando delas, de forma que será necessário fazer mais verificações com o resto da transcrição. O terceiro resultado, de Brian, é falso, e aconteceu porque as letras de amigo foram encontradas no começo da palavra "amigavelmente". Isso pode ser evitado quando se fazem buscas usando uma opção que encontre somente palavras inteiras ou colocando um espaço após a palavra na seqüência a ser buscada. O último resultado, de Anna, na verdade é sobre o uso de amigos, mas não é realmente sobre o uso de redes informais e, portanto, não é relevante. Esses exemplos ilustram como o texto encontrado por uma busca precisa ser conferido. Você precisa lê-lo e decidir se o trecho é realmente relevante. Se o programa já codificou o texto (uma opção que existe no Atlas.ti e no NVivo), você precisará decodificar os resultados irrelevantes e, possivelmente, estender a codificação a outros, para incluir todos os textos relevantes. Caso contrário, pode simplesmente ignorar os resultados falsos à medida que os lê e, no caso de resultados reais, decidir exatamente qual texto quer codificar com o novo nome.

Junto com a obtenção de resultados que não são relevantes, fica claro que uma busca baseada, digamos, somente nos termos "parceiros", "amigos" e "parentes" não encontrará todas as discussões sobre o uso de redes informais para encontrar trabalho. Há algumas estratégias que você pode adotar aqui para ir adiante:

- Observe o texto encontrado, já que pode haver outros termos utilizados em que você pode fazer mais buscas, encontrando mais passagens relevantes em outros lugares. Por exemplo, ao ler todos os textos encontrados pela busca usando os termos citados, foram identificadas as seguintes palavras adicionais à busca: informal, rede, círculo, contatos, família. Embora "parente" estivesse presente na busca original, também ficou claro que em alguns casos, as pessoas se referiam diretamente ao parente específico, de forma que também seria útil fazer buscas por pai, mãe, filha, filho, tio, tia (no mínimo).
- Tenha um glossário desses termos e de outros que você possa acrescentar usando um dicionário de sinônimos ou de seu próprio conhecimento. Faça buscas também por esses termos e acrescente quaisquer

outros resultados relevantes ao texto codificado no código original. Por exemplo, uma busca de "informal" em um dicionário de sinônimos identificou "casual" e "extra-oficial" como outros termos que poderiam ser buscados. Mantenha esse glossário e quaisquer sequências que deseje buscar em um memorando em seu projeto no SADQ, já que geralmente pode copiar e colar palavras na caixa de busca usando os atalhos do teclado Ctrl-C e Ctrl-V. Observação: você pode salvar combinações de palavras em sequências de textos como buscas ou definições de busca (chamadas de agrupamentos no Atlas.ti) para usá-las de novo depois. Elas podem ser reutilizadas separadas ou, no Atlas.ti, como parte de combinações com outras sequências e/ou agrupamentos de busca.

BUSCA DE METÁFORAS E RELATOS

Até aqui, tratei cada busca de textos como uma forma de criar e contribuir para a codificação de material temático, mas também se pode usar a busca para examinar o uso real da língua, incluindo o uso de símile e metáfora. Em outras palavras, pode ser interessante investigar o discurso dos entrevistados. Por exemplo, é possível buscar evidências de fatalismo nos que estão procurando trabalho, fazendo buscas pelo uso específico de palavras ou expressões que expressem uma visão fatalista. Uma rápida leitura de um ou dois documentos no projeto Busca de emprego produziu os seguintes termos que parecem estar associados ao fatalismo: desistir, sem sentido, cansado, preso, fatigado, não aguento mais, desespero, questão de sorte, as coisas são assim. Use a busca para encontrar todas as ocorrências dessas palavras ou expressões.

No caso de metáforas e relatos (ver o Capítulo 6), a ferramenta de busca em texto pode alertar para o uso de certos termos e dar uma boa indicação de quanto esse uso é comum. Ao buscar evidências de discurso fatalista no projeto sobre pessoas desempregadas em Yorkshire, ficou claro o quanto os entrevistados tinham falado de "sorte". Depois de procurar a sequência "sorte|sortudo|azarado" e ler os parágrafos em que os termos aparecem, verifiquei que os entrevistados estavam principalmente tentando explicar por que continuavam desempregados ou como outros conseguiam empregos. Observe que isso é apenas o início de uma investigação de relatos de pessoas desempregadas. É necessário verificar que outros tipos de relatos as pessoas estavam apresentando. Mais uma vez, é necessária alguma leitura, mas isso pode ser complementado fazendo-se buscas quando alguns termos novos são descobertos. Por exemplo, alguns entrevistados usaram o termo "sortudo" em suas falas, encontrado pela busca em "sorte". Isso pode ser acrescentado à sequência de buscas.

Fazer buscas é bom para procurar itens temáticos nos quais as palavras usadas indicaram o conteúdo temático, mas não funciona muito bem para uso narrativo. Nesse caso, o que é importante não é o que está sendo dito, e sim como se diz, a razão pela qual se diz e o que a pessoa pretende ao dizê-lo. Sendo assim, uma simples busca de palavras (mesmo usando um glossário) não será suficiente. Entretanto, nesse caso você pode construir um tipo diferente de busca. Por exemplo, pode procurar o tipo de palavras que as pessoas usam quando fazem narrativas. Por exemplo, em alguns tipos de fala, os entrevistados podem anunciar que estão prestes a apelar a algum aspecto de sua identidade ao usar termos como "falando como bombeiro...", "em minha experiência como avó..." ou "uma coisa com que todos nós, ciclistas, concordamos é...". Você poderia buscar as expressões "falando como", "em minha experiência como" ou "todos... concordamos" e outras semelhantes, para encontrar essas iniciativas narrativas. Resumindo, o Quadro 9.1 sugere algumas boas práticas para realizar buscas.

QUADRO 9.1 USO DO RECURSO DE BUSCA TEXTUAL DE FORMA CRIATIVA E PARA AUMENTAR A VALIDADE

- Use a busca e depois leia os resultados para se familiarizar com os dados.
- Faça buscas usando mais palavras e expressões relevantes nas passagens verificadas.
- Combine os resultados das novas buscas com os códigos relevantes anteriores criados a partir de buscas.
- Construa um glossário de termos a partir dos quais realizar buscas. Aumente-o usando um dicionário de sinônimos ou seu próprio conhecimento. Mantenha o glossário em um memorando.
- Procure o uso de determinados tipos de linguagem, como metáforas, e investigue os contrastes entre diferentes subconjuntos de dados de projetos, como entrevistados jovens ou idosos.
- Use as buscas para procurar casos negativos, os que não se encaixam na explicação que você pressupunha.
- Verifique, por meio de buscas, se um tema que você considera dominante realmente o é. Ele pode ocorrer com menos frequência do que você imagina.
- Use buscas para tentar atingir a completude em sua codificação, para garantir que todas as ocorrências do tema tenham sido codificadas.
- Amplie os resultados para parágrafos (no NVivo e no MAXqda, e fazendo autocodificação no Atlas.ti) e revise os resultados, acrescentando e retirando o texto codificado quando for o caso.
- Use buscas em seus memorandos para ajudar a manter o controle de sua análise.

Adaptado de Gibbs (2002, p. 123).

Análise de dados qualitativos ■ 167

☑ ATRIBUTOS

Os atributos são uma forma de dados variáveis usada na análise qualitativa. Geralmente, cada caso em um estudo pode receber um valor para cada atributo. (Eles podem não ter valor se o atributo não se aplicar.) Exemplos comuns são o gênero do entrevistado (masculino ou feminino), sua idade em anos e seu local de residência. Com frequência, essa informação é registrada na planilha de resumo do documento, semelhante ao uso de variáveis categóricas na pesquisa quantitativa, mas na análise qualitativa também podem ser aplicados atributos e valores a outras unidades em um estudo, como contextos ou eventos. Portanto, no caso dos contextos, como diferentes empresas ou organizações em um estudo, podem-se registrar o número de funcionários, nome e o gerente da empresa, ou, no caso de eventos, data, hora e lugar. Esses atributos geralmente são fatos concretos sobre a pessoa, o contexto e assim por diante, mas, posteriormente em sua análise, você poderá desenvolver classificações ou mesmo uma taxonomia que possa ser representada como um atributo e aplicada, talvez, a diferentes casos. É mais comum que os atributos sejam usados para controlar acessos e buscas usando códigos, para que você possa fazer comparações (ver a seção seguinte).

COMO ESTABELECER ATRIBUTOS EM UM PROJETO

🌀 Atlas.ti

O programa não trabalha diretamente com atributos, mas você pode coletar documentos e códigos em famílias e usá-los em buscas. ✔ em **Documents: Edit Families: Open Family Manager**. Abre-se o gerenciador de Primary Document Family (ver Figura 9.4). Para criar uma nova família, ✔ no botão New Family (🗐) ou ✔ em **Families: New Family**. Digite um nome para a família (efetivamente, um valor de atributo), ✔ em **OK**. Para atribuir

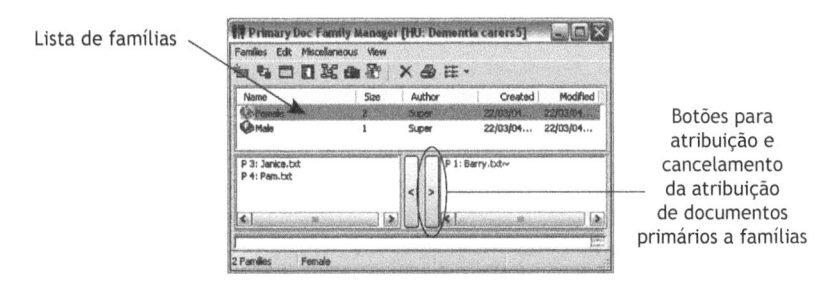

FIGURA 9.4 Gerenciador de famílias de documentos primários do Atlas.ti.

documentos para essa família, 🔑 em um documento que não pertença a ela (no painel inferior direito) e 🔑 no botão < (passando o documento para o painel esquerdo).

Os códigos e memorandos também podem ser atribuídos a famílias da mesma forma usando os gerenciadores das famílias de códigos e de memorandos.

MAXqda

🔑 no botão Attributes (▣). Aparece a caixa de diálogo Attributes. (ver Figura 9.5). ➡ em qualquer dos títulos de colunas (como Textgroup), 🔑 em **Insert New Attributive**. Na caixa de diálogo, dê um nome ao atributo, por exemplo, Gênero, e escolha um tipo adequado para ele. (Se os valores forem somente texto, escolha **String**.) 🔑 em **OK**. Aparece uma nova coluna, com o nome de sua variável como cabeçalho. 🔑 em uma célula nessa coluna para digitar um valor para o documento. Depois que tiver inserido alguns valores, você pode usar o menu suspenso para selecionar um valor inserido anteriormente. 🔑 em uma célula e 🔑 no triângulo à direita para obter o menu suspenso. 🔑 no valor desejado (ver a Figura 9.5).

NVivo

Para criar um atributo novo, 🔑 em **Classifications** na lista do painel Navigation View e 🔑 na pasta **Attributes** que aparece no topo do painel. 🔑 no botão **New** (na barra de botões) 🔑 **Attribute in This Folder**... Isso abrirá a caixa de diálogo New Attribute. Digite o nome do novo atributo. 🔑 na guia **Values**, 🔑 em **Add**. Digite o primeiro dos valores necessários. 🔑 Acrescente quantos valores precisar. 🔑 em **OK**.

No NVivo somente casos de nodos podem ter atributos, então, inicialmente, você deve atribuir seus documentos a casos. Por exemplo, se cada entrevista for armazenada como um documento, cada documentos pode ser um caso. 🔑 em **Sources** na lista do painel Navigation View e 🔑 na pasta **Documents** que aparece na parte superior do painel. Se cada documento mostrado for ser transformado em um caso, selecione todos os documentos

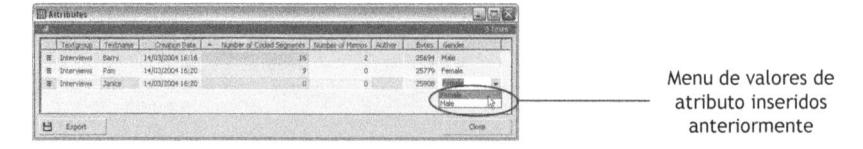

Menu de valores de atributo inseridos anteriormente

FIGURA 9.5 Tabela de atributos do MAXqda.

(CTRL-A). A seguir 🖰 nos documentos selecionados, 🖰 em **Create as: Create Cases**. Na caixa de diálogo Select Location que aparece, 🖰 em **Folders** e depois 🖰 em **Cases** que aparece na lista Name à direita. 🖰 em **OK**. Casos com os mesmos nomes dos documentos serão criados automaticamente agora.

Para atribuir valores de atributo a esses casos, 🖰 em **Nodes** na lista do painel Navigation View e 🖰 na pasta **Cases** que aparece próximo à parte superior do painel. A lista de casos aparece no painel List View. 🖰 em um caso. 🖰 em **Case Properties**. Aparece a caixa de diálogo Case Properties. 🖰 na guia **Attribute Values**. Escolha um valor para esse caso nos menus de valores em relação a cada tributo relevante que você criou. 🖰 em **Apply** (ver Figura 9.6). 🖰 em **OK**. Repita o procedimento para todos os outros casos.

☑ REALIZAÇÃO DE BUSCAS COM CÓDIGOS E ATRIBUTOS

Os três programas contêm funções para realizar buscas e acessos em textos que já tenham sido codificados, buscando por códigos e/ou atributos. Isso permite um conjunto de comparações muito rico. Todos os diferentes tipos de comparações discutidos no Capítulo 6 podem ser realizados usando as ferramentas de busca ou consulta, acessando e verificando o texto codificado.

Ao fazer buscas em texto, está claro que o que se está buscando é texto, e se está buscando em texto. Isso não é tão óbvio quando em buscas com códigos e/ou atributos, mas é importante reconhecer que é verdade. Nesse casos, o que se compara na busca é o texto em si, codificado ou conectado ao código ou atributo. Dessa forma, no caso mais simples, se você buscar um código ou outro, o que se compara é o texto codificado com esses códigos. A busca vai encontrar todos os textos codificados com qualquer dos códigos, se houver algum (incluindo os que estiverem codificados com ambos os códigos, se aplicável).

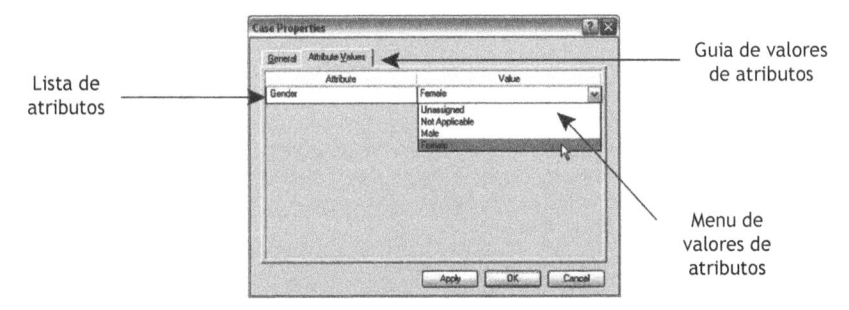

FIGURA 9.6 Caixa de diálogo de propriedades de caso do NVivo.

Os três programas possibilitam buscas por dois ou mais códigos (e, às vezes, também atributos) combinados. Essa combinação está divida em dois tipos, booleana e por proximidade. As buscas booleanas combinam códigos usando os termos lógicos como "and" (e), "or" (ou) e "not" (não). Esse tipo de busca foi batizada com referência ao matemático Boole,* que foi o primeiro a formalizá-las. Buscas booleanas comuns são do tipo "ou" (também chamadas de "combinação" ou "união") e "e" (também chamada de "intersecção"). As buscas por proximidade são baseadas no fato de o texto codificado estar situado próximo, depois ou, talvez, coincidir com algum outro texto codificado. Buscas de proximidade usadas com frequência são "seguido de" (também chamadas de "sequência" ou "precedente") e "perto" (também chamada de "coocorrência"). A Tabela 9.1 explica como

TABELA 9.1 Buscas booleanas e por proximidade comuns usando código A e código B

Busca	Resultado	Uso comum
A e B A ou B**	Somente o texto codificado com A e B e não qualquer texto que esteja codificado com somente um dos códigos A e B, ou sem nenhum deles.	Se A "fornecer explicações" e B "está ausente", A e B encontrarão todos os lugares em que os entrevistados explicam porque estão fora da escola.
A seguido de B	Qualquer texto codificado com A ou B ou ambos. Observação: em geral é produtivo fazer uma busca do tipo "ou" em três ou mais códigos ao mesmo tempo. Assim se encontrará texto codificado com qualquer dos códigos. O texto que está codificado com o código A onde este é seguido por algum texto com código B. Pode ser necessário especificar essa proximidade.	Em um projeto sobre pessoas que se separaram de seus companheiros, se A é "abandonado", B é "afastado" e C é "acordo mútuo", então, A ou B ou C encontrará e reunirá todas as formas em que as pessoas descrevem suas razões para separação. No mesmo projeto, sobre pessoas que se separaram de seus companheiros, se A é "ponto de virada" e B é "formação", A seguido de B (acessando B) mostrará onde as pessoas falam de formação quando elas tiveram seu ponto de virada.
A próximo a B	Apenas o texto codificado com um código que aparece próximo ao texto codificado com o outro (antes ou depois, ou mesmo sobreposto). Você deverá definir o que significa próximo, por exemplo, "dentro de dois parágrafos".	No projeto com os sem-teto, se A é "ficar sem moradia" e B é "raiva", então A próximo a B (acessando A) mostrará onde as pessoas falam sobre ficar um lugar para morar, que está associado a sua expressão de raiva.

* N. de R.T. George Boole (1815-1864). Matemático e filósofo britânico.
** Não esquecer que nos SADQ e outros programas não traduzidos esses operadores lógicos devem ser escritos em inglês (and, or, not).

elas funcionam e oferece alguns exemplos. Embora as buscas booleanas e por proximidade sejam úteis para investigar os dados e conferir palpites, as booleanas são mais úteis para examinar hipóteses ou ideias em relação aos dados e se baseiam em codificação constante e precisa, ao passo que as buscas por proximidade podem ser mais usadas de forma especulativa e para explorar dados, muitas vezes em uma etapa inicial da codificação.

Por exemplo, para gerar resultados que possibilitassem juntar os conteúdos de cada uma das células na Tabela 6.5 do Capítulo 6, você precisaria de textos codificados usando códigos para "Rotina", "Casualidade" e "Empreendedor" e um atributo para Gênero ou famílias de documentos para "masculino" e "feminino". Então você poderia fazer uma busca por texto com o valor de atributo "masculino" e codificado com o código "Rotina", e depois por texto com o valor "feminino" e codificado com o código "Rotina". A seguir, repita a operação para "Casualidade" e "Empreendedor".

REALIZAÇÃO DE BUSCAS POR TEXTO CODIFICADO COMO "ROTINA" E COM UM ATRIBUTO PARA "MASCULINO" OU "FEMININO"

Atlas.ti

Defina uma família de documentos masculinos e uma para os femininos (como acima). 🖱 no ícone da ferramenta de consulta na barra de ícones (🖼), a caixa de diálogo Query Tool do Atlas.ti (ver Figura 9.7). 🖱 no código "Rotina" na lista **Codes:**. Seu nome é copiado à lista **Query:**. Uma lista de citações encontradas é exibida na lista de resultados (direita, abaixo). 🖱 no

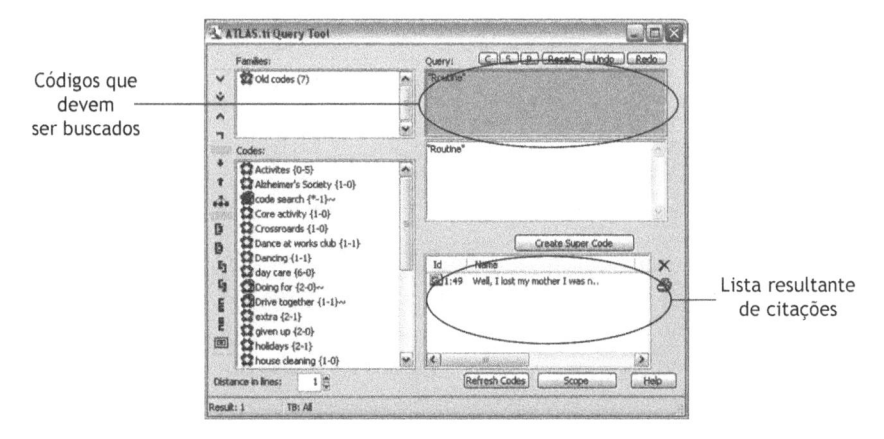

FIGURA 9.7 Caixa de diálogo de ferramenta de busca do The Atlas.ti.

texto de amostra para cada citação na lista de resultados para ver o texto codificado destacado em seu documentos exibido na área de documento primário.

🖱 no botão **Scope**. Abre-se a caixa de diálogo Scope of Query (ver Figura 9.8). 🖱 o botão Clear **(C)** para apagar qualquer seleção anterior. 🖱 na família "Masculino" na lista **Primary Doc Families:**. A família "Masculino" é copiada à lista **Query:**. A lista de citações que aparece na lista Result da Query Tool também é reduzida para exibir apenas as citações de documentos na "família" masculina. 🖱 em OK. Verifique as citações na área de documento primária clicando em cada uma delas por vez. Repita o processo, mas 🖱 na família "Feminino" no diálogo Scope of Query para mostrar somente as citações em documentos da "família" feminino.

📷 MAXqda

Em primeiro lugar, você deve ativar somente os textos masculinos. 🖱 em **Text Groups** no painel Document System, 🖱 em **Activation by Attributes**. 🖱 em **New**, marque o quadro Gênero (ou como quer que você tenha chamado o atributo), 🖱 em **OK**. Selecione "Masculino" no menu da caixa **Value**, 🖱 em **Activate** (pressupondo-se que você já atribuiu a seus documentos o valor de atributo "Masculino" ou "Feminino"). No painel Code System, encontre e 🖱 no código "**Rotina**", 🖱 **Activate**. O painel Retrieved Segments mostrará agora somente os segmentos de texto que estão codificados como "Rotina" nos documentos masculinos. Para os textos femininos, 🖱 em **Text Groups** no painel Document System, 🖱 em **Activation by Attributes**. Selecione "Feminino" no menu suspenso na caixa Value, 🖱 em **Activate**. Supondo-se

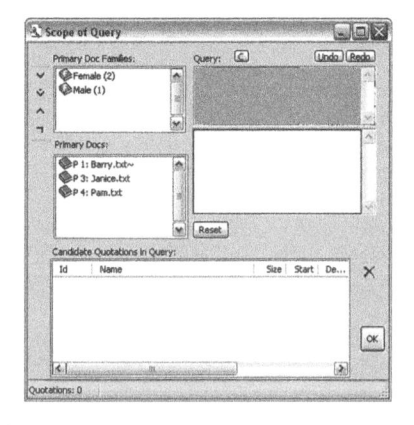

FIGURA 9.8 Caixa de diálogo de escopo da consulta do Atlas.ti.

Análise de dados qualitativos ■ 173

que o código "Rotina" ainda esteja ativado, esses segmentos de texto que estarão codificados com ele nos documentos femininos serão agora exibidos no painel Retrieved segments.

NVivo.

🖱 em **Queries** na lista do painel Navigation View e 🖱 na pasta **Queries** que aparece na parte superior do painel. 🖱 no botão **New** (na barra de botões), 🖱 em **Coding Query in this Folder**... Isso abre a caixa de diálogo Coding Query (ver Figura 9.9). 🖱 na guia **Advanced**. Selecione **Coded by** e **Selected Node** nos menus próximos à parte inferior da caixa de diálogo. 🖱 em **Select**... e, da caixa de diálogo Select Project Item exibida, selecione o nodo "Rotina". 🖱 em OK. 🖱 em **Add to List**. O primeiro critério de busca é acrescentado ao painel de critérios acima (ver Figura 9.9). Selecione **Attribute Condition** nos menus próximos à parte inferior da caixa de diálogo. 🖱 em **Select**... e, na caixa de diálogo Coding Search Item exibida, selecione o atributo "Gênero", "valor equivalente" e "Masculino". 🖱 em OK. 🖱 em **Add to List**. Esse critério é acrescentado à lista como, por padrão, "AND". 🖱 em **Run**. Abre-se uma nova guia no painel Detail View, mostrando o texto encontrado pela busca. Isso mostra textos codificados por "Rotina" nos casos masculinos. Repita a busca, mas com o valor do atributo Gênero = feminino. Alterne entre as duas guias mostrando os resultados para analisar as diferenças.

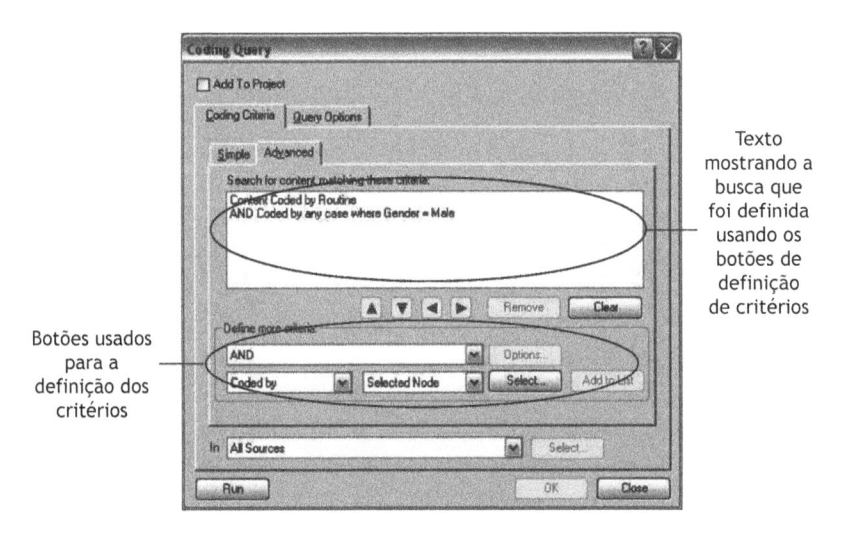

FIGURA 9.9 Caixa de diálogo de consulta de codificação do NVivo.

Fazer buscas significa muito mais do que simplesmente procurar texto e/ou códigos. Os três programas possibilitam buscas e combinações de códigos complexas (e de famílias no Atlas.ti e de atributos no caso de NVivo e MAXqda). Uma forma especialmente potente de busca é a capacidade do NVivo de fazer o que se chama de buscas por matriz. Com elas, é possível encontrar, em uma só busca, textos que dão suporte a algumas das tabelas descritas no Capítulo 6. A ideia de uma busca por matriz é que você faz buscas em um grupo de códigos em relação a outro (ou, no caso do NVivo, grupos de códigos ou atributos). Usando NVivo no exemplo do Capítulo 6, você poderá encontrar em uma operação os seis grupos de texto obtidos na busca de gênero (masculino ou feminino) em relação aos três códigos, "Rotina", "Casualidade" e "Empreendedor". O tipo de busca que você escolher fazer ("e", no exemplo acima) é aplicado a cada par de códigos e/ou atributos por vez: "masculino" com "Rotina", "feminino" com "Rotina", "masculino" com "Casualidade", "feminino" com "Casualidade", "masculino" com "Empreendedor" e "feminino" com "Empreendedor".

VANTAGENS E DESVANTAGENS DA REALIZAÇÃO DE BUSCAS

As buscas são uma das mais potentes ferramentas disponíveis nos SADQ. Podem ser usadas para uma abordagem exploratória dos dados, simplesmente para verificar o conteúdo, e para esboçar ideias. As buscas textuais, como descrevi acima, são muito boas para exploração, mas também é possível usar buscas por códigos dessa forma. Por exemplo, a busca pode ser usada para aprofundar as dimensões das respostas e como forma de desenvolver uma taxonomia e melhorar o conteúdo e a estrutura de sua hierarquia de códigos. Por exemplo, no projeto sobre pessoas desempregadas de Yorkshire, imagine que tenha feito uma busca em códigos para reunir todos os textos relacionados à avaliação de vários serviços de busca de emprego (p. ex., uma busca do tipo "e"). Lendo esses textos, você poderia observar que há vários tipos diferentes de respostas aos serviços. Alguns entrevistados os consideraram úteis, outros, inacessíveis, e outros, ainda, irrelevantes às suas necessidades. Você pode criar códigos novos a essas ideias (codificá-las a partir dos textos que encontrou) como uma dimensão do conceito de avaliação.

A busca de códigos também pode ser usada para conferir palpites e ideias – na verdade, uma forma de verificar hipóteses. Por exemplo, no estudo com cuidadores de pessoas com demência, você poderá ter um palpite de que os homens que são cuidadores recebem mais assistência ou tipos diferentes dela pelos serviços públicos e de organizações de voluntários ou beneficentes. Uma busca pelo atributo/gênero de família em relação aos códigos para os vários tipos de ajuda fornecidos pelos vários serviços e organizações acessará códigos relacionados a homens e a mulheres, que podem ser comparados. Você pode concluir que alguns códigos são completamente ausentes para as mulheres, indicando que elas simplesmente não mencionam esse tipo de ajuda. Entretanto, mais importante do que a ausência ou presença de texto codificado é uma comparação do conteúdo real do que disseram os homens sobre os serviços com o que as mulheres disseram. Ao fazer essas comparações, você terá uma idéia real das diferenças (ou semelhanças) entre a assistência que recebem homens e mulheres.

CONFIABILIDADE E BUSCAS

Por outro lado, a busca por códigos e atributos tem a mesma qualidade de sua codificação ou sua designação de atributos. Se seus códigos estiverem mal definidos ou tiverem conceitos contraditórios e confusos, o resultado da busca por códigos será tendencioso e não confiável. Você é que tem que garantir que os códigos estejam claramente definidos e que os textos codificados com eles sejam relevantes e coerentes. Você deverá estar alerta para textos que possam ter passados despercebidos em sua codificação, mas, mesmo com uma codificação quase perfeita, a busca por código e atributo não é uma ferramenta perfeita para testar hipóteses e buscar padrões. Encontrar relacionamentos (ou deixar de encontrá-los) só é confiável se o texto refletir os pressupostos embutidos nessa busca, que incluem que o texto registrado esteja completo (que registre todas as coisas relevantes que aconteceram, que poderiam ter sido ditas, etc.) e que o texto esteja bem estruturado (todas as discussões em relação a uma questão estejam mais ou menos juntas nos documentos).

A próxima questão é um problema específico em relação a buscas por proximidade. Elas contam com a idéia de que, ao falar sobre uma coisa, as pessoas tendem a falar sobre coisas relacionadas imediatamente antes ou depois. Pode não ser o caso. Por exemplo:

- As pessoas podem juntar determinadas questões em um momento porque serve ao seu propósito naquela altura da entrevista ou discussão, e, mais tarde, poderão juntar grupos muito diferentes de questões relacionadas.
- Não é incomum que em momentos posteriores da entrevista, os entrevistados se lembrem de coisas que queriam ter dito antes. Por essa razão, questões relacionadas podem não aparecer juntas nem próximas nas transcrições. Sendo assim, vale a pena relembrar a cautela expressa por Coffey e Atkinson:

Dada a estrutura inerentemente imprevisível dos dados qualitativos, a coocorrência ou a proximidade não implicam necessariamente uma relação analiticamente importante entre categorias. Esse pressuposto é tão inconsistente quanto supor maior importância de códigos de ocorrência comum. A importância analítica não se garante pela frequência, nem se garante uma relação em função da proximidade. Não obstante, pode-se encontrar um valor heurístico geral para esses métodos para a verificação de ideias ou dados, como parte da interação constante entre ambos como métodos de pesquisa. (Coffey e Atkinson, 1996, p. 181)

PONTOS-CHAVE

- A busca de textos (busca por palavras ou expressões com computador) pode ajudar a análise ao encontrar passagens semelhantes para codificação, para procurar casos negativos ou, simplesmente, para possibilitar a familiarização com seus dados. Essa busca é eficiente: todas as ocorrências dos termos da busca serão encontradas, sejam relevantes ou não. Consequentemente, os resultados da busca devem ser conferidos para se ter certeza de que são relevantes.
- Uma busca por palavras ou expressões terá a mesma qualidade que tenha o termo buscado, de forma que é necessário compilar uma lista de termos relacionados. Eles podem ser fornecidos por conhecimento e teorias existentes, usando um dicionário de sinônimos ou inspecionando textos próximos aos termos encontrados, em busca de palavras relacionadas.
- Os atributos são uma forma simples de armazenar informação precisa sobre casos e contextos. Eles podem ser usados para refinar buscas.
- Os três pacotes também dão suporte à busca com o uso de códigos. Nesse caso, o que se busca é qualquer texto que corresponda ao(s) código(s) especificado(s). Essas buscas podem ser combinadas nos tipos booleano (p. ex., A e B, A ou B) e por proximidade (p. ex., A seguido de B, A próximo a B).
- As buscas por palavras ou expressões e por código podem ser usadas para explorar e conhecer melhor seus dados. As buscas por códigos podem ser usadas para procurar padrões (usando comparações) e conferir palpites sobre relações nos dados.

LEITURAS COMPLEMENTARES

Os seguintes livros exploram de forma mais detalhada o uso de computadores para a análise qualitativa:

Gibbs, G. R. (2002) *Qualitative Data Analysis: Explorations with NVivo*. Buckingham: Open University Press.

Miles, M. B. and Huberman, A. M. (1994) *Qualitative Data Analysis: A Sourcebook of New Methods*. Beverly Hills, CA: Sage.

Ritchie, J. and Lewis, J. (eds.) (2003) *Qualitative Research Practice: A Guide for Social Science Students and Researchers*. London: Sage.

10

AGRUPANDO TUDO

Objetivos do capítulo

Após a leitura deste capítulo, você deverá:
- identificar as diferentes etapas da análise qualitativa que foi tema deste livro, em contexto e em relação um ao outro;
- adotar uma perspectiva mais abrangente sobre a análise qualitativa, mais uma vez, colocando a codificação no contexto de leitura e escrita;
- saber mais sobre questões de qualidade analítica.

LEITURA

Uma das coisas consideradas mais difíceis por iniciantes na análise qualitativa é fazer uma interpretação integral de seus dados. Os analistas novatos leem seus manuscritos e tendem a fazer leituras imediatas, impressionistas, superficiais – a primeira interpretação dos conteúdos que salta aos olhos. Essa interpretação não consegue reconhecer que os dados qualitativos são multifacetados e podem ser interpretados de formas diferentes, mas igualmente plausíveis.

Este livro tentou indicar algumas das técnicas ou abordagens que ajudarão o pesquisador a encontrar interpretações e fazer com que elas avancem dos níveis descritivos aos mais analíticos. Um exemplo fundamental disso é ler o texto (ou examinar os dados não textuais) mais cuidadosamente – realizar o que chamei de leitura intensiva. Sempre há muita coisa acontecendo em um texto ou em um contexto. Não apenas o conteúdo do que se está dizendo é rico e diversificado – as pessoas estão fazendo coisas que podem ser entendidas de várias formas ao mesmo tempo – como também estão indicando coisas sobre si mesmas e seu mundo com suas ações e com a forma como se expressam.

Leia e releia o texto (ou reavalie os dados não textuais) para conhecê-lo intimamente e, cada vez que o ler, faça nova perguntas a seu respeito.

ESCRITA

Toda a análise qualitativa envolve escrita. Tendo feito todo um esforço de coleta de dados e análise e, é claro, dado o esforço dos participantes para o fornecimento dos dados, faz muito sentido dar aos dados uma redação final e publicá-los. No entanto, a escrita na análise qualitativa de dados é mais do que isso. Escrever sobre seus dados e mesmo reescrever são aspectos essenciais da própria análise. Escrever sobre os dados é uma forma de manter registros, além de ser um processo criativo no qual você desenvolve idéias sobre seu projeto. Uma forma central disso é escrever notas e memorandos. Tudo ajudará a gerar ideias que podem fazer parte de sua análise. Fornece evidências desse processo e identifica como sua posição, sua perspectiva, suas teorias e mesmo seus vieses podem ter moldado ou criado a análise produzida. Escrever sobre o processo de análise, talvez mantendo um diário de pesquisa, vai ajudá-lo a se tornar reflexivo em relação a seu trabalho e ciente de como sua posição, bem como seus interesse e vieses, guiou sua análise.

CODIFICAÇÃO

Neste livro, dei à codificação um lugar central. Nem todos os pesquisadores qualitativos codificam, mas em grande parte, é uma técnica fundamental para selecionar seus dados e manter seu considerável volume sob controle. A codificação pode ser usada de várias formas. A mais comum é a categorização do conteúdo temático de seus dados, o que facilita o acesso e a comparação relativamente rápidos de todos os dados marcados com os mesmos códigos, que são exemplos de alguma ação, estratégia, sentido, emoção e outros nos quais você esteja interessado. Contudo, a codificação pode ser usada de forma mais idiossincrática, junto com outras formas de marcar o texto – destacar, circular, sublinhar, comentar – simplesmente para indicar as questões relevantes, talvez para voltar a elas posteriormente, durante a análise. Usada dessa forma, a codificação é mais semelhante a marcar páginas de livros do que categorizar. A codificação linha por linha tende a ser assim, mas você provavelmente vai descobrir que grande parte do material codificado linha por linha ou marcado de alguma outra forma pode ser categorizado com códigos mais sistemáticos e temáticos.

Os códigos representam algum conceito, tema ou idéia em sua análise, e você deve manter um livro de códigos que liste todos eles, bem como as definições e memorandos relacionados a eles. Alguns analistas sugerem que se limitar a listar seus códigos dessa forma não constitui análise, simplesmente uma forma de organizá-los. Outros afirmam que essa organização pode ter algum propósito analítico e, portanto, é uma parte fundamental da análise. A questão é que seu relatório final nunca deve depender somente dos principais códigos de seu livro. Há muitos exemplos de trabalhos de má qualidade feitos por estudantes – e publicados – que tendem ao impressionista e anedótico e são simplesmente organizados como uma descrição ou resumo de cada um dos principais temas encontrados nos dados. Embora isso possa ser interessante, principalmente se o estudo for sobre um contexto ou situação que outros raramente vivenciaram, muitas vezes ele só resume o que já sabemos. Você deve ir além disso. Reexamine os dados e encontre fenômenos que não sejam necessariamente óbvios do ponto de vista imediato a partir do que está sendo dito ou feito. O trabalho analítico ideal faz isso, bem como aplica teoria para explicar e entender o que está acontecendo. Os melhores trabalhos podem até sugerir novas teorias ou, pelo menos, novas aplicações de teorias existentes.

■ RELAÇÕES E PADRÕES

Uma forma de ir além do descritivo e do impressionista é procurar padrões e relações em seus dados. Procure diferenças e semelhanças em diferentes casos, contextos, atores, situações, motivações e assim por diante e use atributos/variáveis e tabelas para investigá-los. Uma consequência dessas buscas é que você se depara com a pergunta sobre por que as diferenças e semelhanças que encontrou ocorrem e é obrigado a oferecer explicações e razões para os padrões. A riqueza dos dados qualitativos é útil nesse caso. A descrição densa oferece evidências das motivações das pessoas, suas intenções e estratégias e, portanto, pode oferecer sugestões em relação às suas razões para fazer as coisas (mesmo que não estejam cientes delas naquele momento e não estejam falando delas diretamente). Entretanto, há um risco em oferecer informações com base em dados parciais ou tendenciosos. E é por isso que é importante ser exaustivo e analítico no exame de seus dados. Você precisa ser aberto em relação ao grau no qual suas explicações se baseiam em situações comuns ou incomuns, e até onde suas evidências garantem confiabilidade a suas explicações.

■ QUALIDADE ANALÍTICA

Não há fórmula simples que possa ser seguida para garantir uma análise de boa qualidade (ver, também, Flick, 2007b, para uma discussão mais ampla) e que ela não caia, sem que você perceba, no anedótico, no viés e na parcialidade. O único conselho nesse caso é fazer sua análise de forma cuidadosa e abrangente. Usando hierarquias de código, tabelas, comparação constante e, evidentemente, relendo com frequência suas transcrições, suas notas e seus memorandos, você pode garantir que sua análise não só é completa como também equilibrada e bem apoiada pelos dados coletados. Os SADQ podem ajudar a garantir estudos abrangentes e completos, mas não são vitais, mesmo que muitos pesquisadores os considerem um suporte valioso para suas atividades analíticas.

Os computadores não podem interpretar por você. No final das contas, será responsabilidade do pesquisador humano produzir interpretações, desenvolver explicações analíticas e sustentar sua análise geral na teoria adequada. Fazer isso de forma contínua, abrangente e completa ajudará a garantir que sua análise não apenas tenha boa qualidade, mas, em última análise, que seja interessante, convincente e relevante.

GLOSSÁRIO

Acesso aos códigos Processo de coletar todos os textos que foram codificados sob um mesmo código para examiná-lo em busca de padrões de aspectos comuns.

Análise comparativa Análise em que dados de diferentes contextos ou grupos no mesmo momento ou de diferentes contextos ou grupos em um período são analisados para identificar semelhanças ou diferenças. (Ver, também **Comparação constante**.)

Análise narrativa Forma de análise do discurso que busca estudar os dispositivos textuais em funcionamento nas construções de processo ou sequência dentro de um texto.

Anonimização Processo, em transcrições e relatórios de pesquisa, de alterar nomes, lugares, detalhes, etc., que possam identificar pessoas e organizações para que elas não possam ser identificadas, mas de modo que o sentido geral seja preservado.

Arquivos de dados Forma de arquivo que contém dados gerados por pesquisas. Geralmente, consistem em material codificado quantitativamente a partir de levantamentos ou material qualitativo coletado como parte de estudos de pesquisas sociais, podendo ser disponibilizados por meio do arquivo para análise secundária.

Atributos Propriedades gerais encontradas em uma ou mais pessoas, casos ou contextos. É muito provável que seja uma variável na análise quantitativa. As semelhanças dentro de grupos ou as diferenças entre eles podem ser identificadas por meio de atributos. Um atributo (como gênero) pode ter vários valores (como masculino, feminino, não relevante) e, em qualquer caso específico, pode receber somente um valor.

Autocodificação Função de alguns SADQ para codificar os resultados de uma busca.

Biografia Uma história ampliada e narrativa da vida de uma pessoa. Geralmente, tem uma estrutura e é expressa em termos fundamentais, com frequência com uma **epifania** ou momento decisivo. A narrativa geralmente é cronológica.

Busca por palavras e expressões Busca de texto destinada a encontrar a ocorrência de palavras e expressões usadas pelos entrevistados e investigar seus contextos de uso.

Busca Uma das principais funções de um SADQ; inclui a busca de palavras e expressões repetidamente no texto e a busca por códigos. No segundo caso, o que se encontra com a busca são passagens de texto que são codificadas (ou não) de formas especificadas e que estão relacionadas a outras passagens codificadas de formas específicas (p. ex., coincidem, são codificadas por ambos os códigos).

Caso Unidade individual em estudo. Um caso pode ser uma pessoa, uma instituição, um evento, um país ou uma região, uma família, um contexto ou uma organização. O que se usa depende do estudo específico que esteja sendo conduzido.

Codificação aberta Primeira etapa de codificação na teoria fundamentada, em que o texto é lido reflexivamente para identificar categorias relevantes. Novos códigos são criados à medida que o texto é lido e recebem um nome teórico ou analítico (e não meramente descritivo). O texto relevante é codificado junto no mesmo código. O analista deve tentar desenvolver dimensões para as categorias (códigos).

Codificação Ação de identificar uma passagem de texto em um documento, ou uma imagem ou parte de uma imagem, que exemplifique alguma ideia ou conceito, para depois conectá-la a um código com um nome que a represente. Isso demonstra que ela compartilha as características indicadas pelo código e/ou sua definição, com outras passagens ou outros textos codificados da mesma forma. Todas as passagens e imagens associadas a um código podem ser examinadas juntas, identificando-se padrões.

Codificação axial Na teoria fundamentada, a segunda etapa da codificação, na qual as relações entre categorias são exploradas, e são estabelecidas conexões entre elas. O analista começa selecionando códigos que representem e destaquem as questões ou temas centrais nos dados.

Codificação descritiva Codificação com códigos que simplesmente se referem a características superficiais de pessoas, eventos e contextos, entre outros, em um estudo.

Codificação interpretativa Codificação de dados em que o pesquisador interpreta os conteúdos para gerar algum conceito, ideia, explicação ou compreensão. A interpretação pode ser baseada nas próprias visões dos entrevistados, na visão ou compreensão do pesquisador ou em alguma teoria ou estrutura preexistente.

Codificação seletiva Última etapa da *teoria fundamentada*, na qual um fenômeno central ou uma categoria fundamental é identificada e todas as outras categorias são relacionadas a ela.

Código Termo que representa uma ideia, um tema, uma teoria, uma dimensão, uma característica, etc., dos dados. Passagens de texto e imagens, entre outros, em um estudo com análise qualitativa podem ser ligados ao mesmo código para mostrar que representam a mesma ideia, tema, característica, etc.

Comparação constante Procedimento usado durante pesquisa com **teoria fundamentada**, em que dados recém-coletados são comparados de forma contínua com dados comparados anteriormente e com sua codificação, para refinamento do desenvolvimento de categorias teóricas. O propósito é testar ideias que surjam e que possam conduzir a pesquisa a novas e produtivas direções.

Confiabilidade Grau em que diferentes observadores e pesquisadores, entre outros (ou os mesmos observadores em diferentes ocasiões), fazem as mesmas observações e coletam os mesmos dados em relação ao mesmo objeto de estudo. O conceito é altamente polêmico na pesquisa qualitativa, na qual muitas vezes não está claro o que é o mesmo objeto de estudo.

Confidencialidade Proteção sistemática da natureza da informação fornecida pelos entrevistados, para que não seja divulgada a pessoas externas à equipe de pesquisa.

Consentimento informado Processo de obtenção da concordância voluntária dos indivíduos para participar de pesquisa, com base em sua compreensão integral dos possíveis benefícios e riscos relacionados.

Construcionismo social Visão epistemológica segundo a qual o mundo social e cultural e seus sentidos não são objetivos, mas criados na interação social humana, ou seja, construídos socialmente. A abordagem se baseia muitas vezes, embora não exclusivamente, na filosofia idealista.

Dados Itens ou unidades de informação gerados ou registrados por meio de pesquisa social. Os dados podem ser numéricos (quantitativos) ou consistir em palavras, imagens ou objetos (qualitativos). Os dados que ocorrem naturalmente são aqueles que registram eventos cuja ocorrência não depende da presença do pesquisador. No entanto, os dados não estão "por aí" esperando para ser coletados. Eles são um produto da própria pesquisa e são determinados pelo processo de pesquisa.

Epifania Episódio na biografia ou história de vida de uma pessoa que representa um momento decisivo, separando a **biografia** em períodos contrastantes, antes e depois da epifania. As pessoas geralmente se descrevem como tendo sido mudadas pela epifania ou como pessoas diferentes depois dela.

Ética em pesquisa Conjunto de padrões e princípios em relação ao que é aceitável ou certo ou o que é errado ou inaceitável durante a realização de pesquisa social.

Ética Ramo da filosofia e campo do pensamento cotidiano que lida com questões relacionadas com o que é moralmente certo ou errado.

Etnografia Uma abordagem qualitativa de múltiplos métodos que examina contextos sociais específicos e descreve sistematicamente a cultura de um grupo de pessoas. O objetivo da pesquisa etnográfica é entender as visões das pessoas sobre seu próprio mundo. Originalmente associada à antropologia e ainda privilegiando as formas naturalísticas de coleta de dados, como trabalho de campo, ou seja, passar tempo "vivendo" com a comunidade.

Faixas de codificação Tradicionalmente, são faixas (coloridas) desenhadas à margem de um texto com um nome associado, para mostrar como as linhas foram codificadas. Em um programa de computador, isso aparece com linhas verticais coloridas mostradas (opcionalmente) em um painel na lateral de um documento (à esquerda no MAXqda e à direita no Atlas.ti e no NVivo). Cada um recebe o nome do título do código em que o texto está codificado.

Generalização Nível em que é justificável aplicar a uma população mais ampla explicações e descrições que a pesquisa descobriu que se aplicam a uma amostra ou exemplos específicos.

História de vida Forma de entrevista na qual o foco é a história de vida do participante. Essas entrevistas tendem a ser estruturadas em torno da cronologia da trajetória de vida, mas, fora isso, são relativamente abertas.

Idealismo Visão segundo a qual o mundo existe nas mentes das pessoas e não existe realidade externa simples independente dos pensamentos delas.

Indução Movimento lógico de uma série de declarações, eventos ou observações específicos para uma teoria ou explicação genérica da situação ou do fenômeno.

Intertextualidade Eco de um texto em outro. Pode assumir a forma de referências cruzadas explícitas ou abordagens estilísticas, ou ainda de temas implícitos.

Livro de códigos Lista dos códigos em uso em um projeto de análise qualitativa de dados, geralmente contendo suas definições e um conjunto de regras ou diretrizes para codificação. Também chamado de estrutura de codificação.

Memorando Documento usado na análise que contém o comentário do pesquisador sobre os dados primários ou códigos do projeto. Os memorandos podem ser documentos separados, ligados a determinados dados (principalmente em um SADQ) ou coletados para formar um diário de pesquisa.

Metáfora Uso de imagens mentais na fala ou em texto como um tipo de dispositivo retórico. O uso de metáforas indica ideias culturalmente compartilhadas ou dificuldades de expressão.

Modelo Dispositivo de mapeamento, muitas vezes expresso em forma de gráfico ou diagrama, elaborado para representar a relação entre elementos centrais de um campo de estudo. Os modelos podem ser preditivos, causais ou descritivos, podendo ser discursivos, matemáticos ou gráficos.

Narrativa Texto ou fala que relata uma sequência de eventos e experiências, geralmente envolvendo a dimensão pessoal e demonstrando o ponto de vista do indivíduo.

Notas de campo São anotações feitas pelo pesquisador em relação a seus pensamentos e observações quando estão no "ambiente" de campo que estão pesquisado.

Observação participativa Método mais adotado por etnógrafos, em que o pesquisador participa da vida de uma comunidade ou um grupo enquanto faz observações do comportamento de seus membros. Isso pode ser oculto ou declarado.

Pós-modernismo Um movimento social ou moda entre intelectuais que rejeita os valores modernos de racionalidade, progresso e a concepção de ciências sociais como uma busca de explicações gerais da natureza humana ou do mundo social e cultural. Os pós-modernistas, em vez disso, celebram a queda dessas narrativas grandiosas opressivas, enfatizando a natureza fragmentada e dispersa da experiência contemporânea. Em sua forma extrema, rejeita a presença de verdades ou conhecimentos absolutos e a capacidade da ciência de explicar os fenômenos sociais.

Realismo Visão de que existe uma realidade independente de nossos pensamentos e crenças, e mesmo de nossa existência. A pesquisa pode nos dar informações diretas em relação a essa realidade, em vez de somente construções dela. Entretanto, alguns realistas mais sutis reconhecem propriedades construtivas na linguagem.

Reflexividade Em sentido amplo, refere-se à visão de que os pesquisadores inevitavelmente, de alguma forma ou de outra, refletem as visões e os interesses de seu meio. Refere-se, também, à capacidade dos pesquisadores de refletir sobre suas ações e seus valores durante sua pesquisa, seja ao produzir dados, seja ao escrever relatos.

Relativismo Em sentido conceitual ou ético, é a rejeição de padrões absolutos para julgar a verdade ou a moralidade. O relativismo cultural é a visão de que diferentes culturas definem fenômenos de diferentes formas, de modo que a perspectiva de uma não pode ser usada para julgar ou mesmo entender a de outra.

Relatos Forma específica de narrativa na qual os entrevistados tentam relatar, justificar, desculpar, legitimar, etc., suas ações ou sua situação.

Retórica Uso da língua para persuadir ou influenciar pessoas e o estudo desses métodos. Envolve estratégias linguísticas usadas por falantes e autores de textos para transmitir determinadas impressões ou reforçar interpretações específicas.

SADQ (*software* de análise de dados qualitativos). Observação: os computadores representam somente uma assistência. Os programas de computador não efetuam análises. Termo introduzido por Fielding e Lee (1991).

Saturação Na teoria fundamentada, a situação em que previsões e expectativas baseadas nos dados e nas categorias existentes são confirmadas repetidamente por dados de outras categorias ou casos. Essas outras categorias ou casos parecem não conter novas ideias, e se diz que estão saturados. A busca de mais casos apropriados parece inútil e a coleta de dados pode ser interrompida. Também é chamada de saturação de dados.

Taxonomia Classificação hierárquica rígida de itens em que a relação entre itens-pai e itens-filho pode ser descrita como "é um tipo de..." ou "é uma espécie de...".

Temas Questão ou ideia ou conceito recorrente, derivado de teorias anteriores ou da experiência vivida pelos entrevistados, que surge durante a análise dos dados qualitativos. Podem ser usados para estabelecer um código com o qual seja possível codificar texto.

Teoria fundamentada Forma indutiva de pesquisa qualitativa introduzida por Glaser e Strauss, na qual a coleta e a análise são realizadas juntas. A comparação constante e a amostragem teórica são usadas para sustentar a descoberta sistemática de teoria a partir dos dados. Sendo assim, as teorias permanecem fundamentadas nas observações em vez de geradas no abstrato. A amostragem de casos, contextos ou entrevistados é guiada pela necessidade de testar os limites de explicações que estão em desenvolvimento, as quais são constantemente baseadas nos dados que estão sendo analisados.

Texto No sentido estrito, significa um documento escrito, mas o uso foi ampliado para fazer referência a qualquer coisa que possa ser "lida", ou seja, que tenha um sentido que se possa interpretar. Entre os exemplos estão as propagandas, músicas ou filmes. Os semióticos já consideraram itens tão diferentes quanto luta livre e latas de Coca-Cola como "textos", dignos de análise por suas conotações culturais.

Transcrição Processo de transferência de gravações de áudio ou vídeo ou anotações feitas à mão a uma forma digitada. Em alguns casos, é possível usar caracteres especiais para indicar aspectos de como as palavras foram ditas.

Validade Grau em que uma descrição representa com precisão o fenômeno social a que se refere. Na pesquisa realista, refere-se ao grau em que ela proporciona uma imagem verdadeira da situação e/ou das pessoas em estudo, e muitas vezes se chama de validade interna. A validade externa se refere a até que ponto os dados coletados do grupo ou da situação estudada podem ser generalizados a uma população mais ampla. Os pós-modernistas, que contestam a ideia de que a pesquisa possa oferecer uma única imagem verdadeira do mundo, contestam a própria possibilidade da validade.

Viés Qualquer influência que distorça sistematicamente os resultados de um estudo de pesquisa. Em uma abordagem realista, isso vai ocultar a verdadeira natureza do que está sendo estudado e pode ser causado pelo pesquisador ou pelos procedimentos de coleta de dados, incluindo a amostragem. De uma perspectiva relativista ou interpretativa, tem pouco sentido, dado que não existe uma verdadeira natureza em relação à qual os resultados possam sofrer viés, embora uma visão reflexiva da pesquisa trate das questões de confiança de que trata o conceito de viés.

REFERÊNCIAS

Angrosino, M. (2007) *Doing Ethnographic and Observational Research*. (Book 3 of The SAGE Qualitative Research Kit) London: Sage. Publicado pela Artmed Editora sob o título *Etnografia e observação participante*.

Arksey, H. and Knight, P. (1999) *Interviewing for Social Scientists*. London: Sage.

Atkinson, J.M. and Heritage, J. (eds) (1984) *Structures of Social Action: Studies in Conversation Analysis*. Cambridge: Cambridge University Press.

Banks, M. (2007) *Using Visual Data in Qualitative Research* (Book 5 of *The SAGE Qualitative Research Kit*) London: Sage. Publicado pela Artmed Editora sob o título *Dados visuais em pesquisa qualitativa*.

Barbour, R. (2007) Doing Focus Groups (Book 4 of *The SAGE Qualitative Research Kit*). London: Sage. Publicado pela Artmed Editora sob o título *Grupos focais*.

Bazeley, P. (2007) *Qualitative Data Analysis with NVivo*. (2nd edn). London: Sage.

Becker, H.S. (1986) *Writing for Social Scientists: How to Start and Finish Your Thesis, Book or Article*. Chicago: University of Chicago Press.

Bird, C.M. (2005) 'How I stopped dreading and learned to love transcription', *Qualitative Inquiry*, 11(2): 226-48.

Bogdan, R. and Biklen, S.K. (1992) Qualitative *Research for Education: An Introduction to Theory and Methods*. Boston: Allyn & Bacon.

Brewer, J.D. (2000) *Ethnography*. Buckingham: Open University Press.

Bryman, A. (1988) *Quantity and Quality in Social Research*. London: Unwin Hyman/Routledge.

Charmaz, K. (1990) 'Discovering chronic illness: using grounded theory', *Social Science and Medicine*, 30: 1161-72.

Charmaz, K. and Mitchell, R.G. (2001) 'Grounded theory in ethnography', in P. Atkinson, A. Coffey, S. Delamont, J. Lofland and L. Lofland (eds), *Handbook of Ethnography*. London: Sage, pp. 160-74.

Charmaz, K. (2003) 'Grounded theory', in J.A. Smith (ed.), *Qualitative Psychology: A Practical Guide to Research Methods*. London: Sage, pp. 81-110.

Charmaz, K. (2006) *Constructing Grounded Theory: A Practical Guide Through Qualitative Analysis*. London: Sage. Publicado pela Artmed Editora sob o título *A construção da teoria fundamentada: guia prático para análise qualitativa*.

Coffey, A. and Atkinson, P. (1996) *Making Sense of Qualitative Data Analysis: Complementary Research Strategies*. London: Sage.

Crotty, M. (1998) *The Foundations of Social Research: Meaning and Perspective in the Research Process*. London: Sage.

Cryer, P. (2000) *The Research Student's Guide to Success*. Buckingham: Open University Press.

Daiute, C. and Lightfoot, C. (eds) (2004) *Narrative Analysis: Studying the Development of Individuals in Society*. Thousand Oaks, CA: Sage.

Delamont, S., Atkinson, P. and Parry, O. (1997) *Supervising the PhD: A Guide to Success*. Buckingham: The Society for Research into Higher Education and Open University Press.

Denzin, N.K. (1970) *The Research Act*. Chicago: Aldine.

Denzin, N.K. (1989) *Interpretive Interactionism*. Newbury Park, CA: Sage.

Denzin, N.K. (1997) *Interpretive Ethnography*. London: Sage.

Denzin, N.K. (2004) 'The art and politics of interpretation', in S.N. Hesse-Biber and P. Leavy (eds), *Approaches to Qualitative Research*. New York: Oxford University Press, pp. 447-72.

Denzin, N.K. and Lincoln, Y.S. (1998) 'Entering the field of qualitative research', in N.K. Denzin and Y.S. Lincoln (eds), *Strategies of Qualitative Inquiry*. London: Sage, pp.1-3A.

Dey, I. (1993) *Qualitative Data Analysis: A User-friendly Guide for Social Scientists*. London: Routledge.

Emerson, R.M., Fretz, R.I. and Shaw, L.L. (1995) *Writing Ethnographic Fieldnotes*. Chicago: University of Chicago Press.

Emerson, R.M., Fretz, R.I. and Shaw, L.L. (2001) 'Participant observation and fieldnotes', in P. Atkinson, A. Coffey, S. Delamont, J. Lofland and L. Lofland (eds), *Handbook of Ethnography*. London: Sage, pp. 352-68.

Fielding, N.G. and Lee, R.M. (1998) *Computer Analysis and Qualitative Research*. London: Sage.

Fielding, N.G. and Lee, R.M. (eds) (1991) *Using Computers in Qualitative Research*. London: Sage.

Finch, J. (1984) '"It's great to have someone to talk to" Ethics and Politics of Interviewing Women', in C. Bell and H. Roberts (eds), *Social Researching: Politics, Problems, Practice*. London: Routledge, pp. 70-87.

Flick, U. (2006) *An Introduction to Qualitative Research*. 3rd edn. London: Sage.

Flick, U. (2007a) *Designing Qualitative Research* (Book 1 of The SAGE Qualitative Research Kit) London: Sage. Publicado pela Artmed Editora sob o título *Desenho da pesquisa qualitativa*.

Flick, U. (2007b) *Managing Quality in Qualitative Research* (Book 8 of The SAGE Qualitative Research Kit) London: Sage. Publicado pela Artmed Editora sob o título *Qualidade na pesquisa qualitativa*.

Flick, U., von Kardorff, E. and Steinke, I. (eds) (2004) *A Companion to Qualitative Research*. London: Sage.

Frank, A.W. (1995) *The Wounded Storyteller: Body, Illness and Ethics*. Chicago: The University of Chicago Press.

Geertz, C. (1975) 'Thick description: toward an interpretive theory of culture', in C. Geertz (ed.), *The Interpretation of Cultures*. London: Hutchinson, pp. 3-30.

Gibbs, G.R. (2002) *Qualitative Data Analysis: Explorations with NVivo*. Buckingham: Open University Press.

Giorgi, A. and Giorgi, B. (2003) 'Phenomenology', in J.A. Smith (ed.), *Qualitative Psychology: A Practical Guide to Research Methods*. London: Sage, pp. 25-50.

Glaser, B.G. (1978) *Theoretical Sensitivity: Advances in the Methodology of Grounded Theory*. Mill Valley, CA: Sociology Press.

Glaser, B.G. (1992) *Emergence vs Forcing: Basics of Grounded Theory Analysis*. Mill Valley, CA: Sociology Press.

Referências

Glaser, B.G. and Strauss, A.L. (1967) *The Discovery of Grounded Theory: Strategies for Qualitative Research*. Chicago: Aldine.

Gregory, D., Russell, C.K. and Phillips, L.R. (1997) 'Beyond textual perfection: transcribers as vulnerable persons', *Qualitative Health Research*, 7: 294-300.

Guba, E.G. and Lincoln, Y.S. (1989) *Fourth Generation Evaluation*. Newbury Park, CA: Sage.

Hartley, J. (1989) 'Tools for evaluating text', in J. Hartley and A. Branthwaite (eds), *The Applied Psychologist*. Milton Keynes: Open University Press.

Hesse-Biber, S.N. and Leavy, P. (eds) (2004) *Approaches to Qualitative Research. A Reader on Theory and Practice*. New York. Oxford University Press.

King, N. (1998) 'Template analysis', in G. Symon and C. Cassell (eds), *Qualitative Methods and Analysis in Organizational Research*. London: Sage.

Kvale, S. (1988) 'The 1000-page question', *Phenomenology and Pedagogy*, 6: 90-106.

Kvale, S. (1996) *InterViews: An Introduction to Qualitative Research Interviewing*. Thousand Oaks, CA: Sage.

Kvale, S. (2007) Doing Interviews (Book 2 of The SAGE Qualitative Research Kit) London: Sage.

Labov, W. (1972) 'The transformation of experience in narrative syntax', in W. Labov (ed.), Language in the Inner City: *Studies in the Black English Vernacular*. Philadelphia, PA: University of Pennsylvania Press, pp. 354-96.

Labov, W. (1982) 'Speech actions and reactions in personal narrative', in D. Tannen (ed.), *Analyzing Discourse: Text and Talk*. Washington, DC: Georgetown University Press, pp. 219-47.

Labov, W. and Waletsky, J. (1967) 'Narrative analysis: oral versions of personal experience', in J. Helm (ed.), *Essays on the Verbal and Visual Arts*. Seattle, WA: University of Washington Press, pp. 12-44.

Lewins, A. and Silver, C. (2007) *Using Software in Qualitative Research: A Step-by-Step Guide*. London: Sage.

Lofland, J., Snow, D., Anderson, L. and Lofland, L.H. (2006) *Analyzing Social Settings: A Guide to Qualitative Observation and Analysis*. Belmont, CA: Wadsworth/Thomson.

McAdams, D. (1993) *The Stories We Live By: Personal Myths and the Making of the Self*. New York: Guilford Press.

Marshall, C. and Rossman, G.B. (2006) *Designing Qualitative Research* (4th edn). London: Sage.

Maso, I. (2001) 'Phenomenology and ethnography', in P. Atkinson, A. Coffey, S. Delamont, J. Lofland and L. Lofland (eds), *Handbook of Ethnography*. London: Sage. pp. 136-44.

Mason, J. (1996) *Qualitative researching*. London: Sage.

Mason, J. (2002) *Qualitative researching* (2nd edn). London: Sage.

Maykut, P. and Morehouse, R. (2001) *Beginning Qualitative Research: A Philosophical and Practical Guide*. London: RoutledgeFalmer.

Miles, M.B. and Huberman, A.M. (1994) Qualitative *Data Analysis: A Sourcebook of New Methods*. Beverly Hills, CA: Sage.

Mills, C.W. (1940) 'Situated actions and vocabularies of motive', *American Sociological Review*, 5(6): 439-52.

Mishler, E.G. (1986) 'The analysis of interview narratives', in T.R. Sarbin (ed.), *Narrative Psychology*. New York: Praeger, pp. 233-55.

Mishler, E.G. (1991) 'Representing discourse: the rhetoric of transcription', *Journal of Narrative and Life History*, 1: 255-80.

Moustakas, C. (1994) Phenomenological Research Methods. Thousand Oaks, CA: Sage.

Park, J. and Zeanah, A. (2005) 'An evaluation of voice recognition software for use in interview-based research: a research note', *Qualitative Research*, 5(2): 245-51.

Plummer, K. (2001) *Documents of Life 2: An Invitation to a Critical Humanism*. London: Sage.

Poland, B.D. (2001) 'Transcription Quality', in J.F. Gubrium and J.A. Holstein (eds), *Handbook of Interview Research: Context and Method*. Thousand Oaks, CA: Sage, pp. 629-49.

Rapley, T. (2007) *Doing Conversation, Discourse and Document Analysis* (Book 7 of The SAGE Qualitative Research Kit). London: Sage.

Richardson, L. (2004) 'Writing: a method of inquiry', in S.N. Hesse-Biber and P. Leavy (eds), *Approaches to Qualitative Research. A Reader on Theory and Practice*. New York: Oxford University Press, pp. 473-95.

Ricoeur, P. (1984) *Time and Narrative*, trans. K. McLaughlin and D. Pellauer. Chicago: University of Chicago Press.

Riessman, C.K. (1993) Narrative Analysis. Newbury Park, CA: Sage.

Ritchie, J. and Lewis, J. (eds) (2003) *Qualitative Research Practice: A Guide for Social Science Students and Researchers*. London: Sage.

Ritchie, J., Spencer, L. and O'Connor, W. (2003) 'Carrying out qualitative analysis', in J. Ritchie and J. Lewis (eds), *Qualitative Research Practice: A Guide for Social Science Students and Researchers*. London: Sage, pp. 219-62.

Ryen, A. (2004) 'Ethical issues', in C.F. Seale, G. Gobo, J.F. Gubrium and D. Silverman (eds), *Qualitative Research Practice*. London: Sage, pp. 230-47.

Seale, C.F. (1999) *The Quality of Qualitative Research*. London: Sage.

Seale, C.F. (2001) 'Computer-assisted analysis of qualitative interview data', in J.F. Gubrium and J.A. Holstein (eds), *Handbook of Interview Research: Context and Method*. Thousand Oaks, CA: Sage, pp. 651-70.

Seale, C.F. (2002) 'Cancer heroics: a study of news reports with particular reference to gender', *Sociology*, 36: 107-26.

Silverman, D. (ed.) (1997) *Qualitative Research: Theory, Method and Practice*. London: Sage.

Smith, J.A. (1995) 'Semi-structured interview and qualitative analysis', in J.A. Smith, R. Harré and L. van Langenhove (eds), *Rethinking Methods in Psychology*. London: Sage, pp. 9-26.

Strauss, A.L. (1987) *Qualitative Analysis for Social Scientists*. Cambridge: Cambridge University Press.

Strauss, A.L. and Corbin, J. (1990) *Basics of Qualitative Research, Grounded Theory Procedures and Techniques*. Thousand Oaks, CA: Sage.

Strauss, A.L. and Corbin, J. (1997) *Grounded Theory in Practice*. London: Sage.

Strauss, A.L. and Corbin, J. (1998) *Basics of Qualitative Research: Techniques and Procedures for developing Grounded Theory* (2nd edn). Thousand Oaks, CA: Sage. Publicado pela Artmed Editora sob o título *Pesquisa qualitativa: técnicas e procedimentos para o desenvolvimento da teoria fundamentada (2 ed.)*.

Van Maanen, J. (1988) *Tales of the Field: On Writing Ethnography*. Chicago: University of Chicago Press.

Weaver, A. and Atkinson, P. (1994) *Microcomputing and Qualitative Data Analysis*. Aldershot: Avebury.

Wolcott, H.F. (2001) *Writing Up Qualitative Research* (2nd edn). Newbury Park, CA: Sage.

ÍNDICE

A

abordagem ideográfica à pesquisa 19-22, 24-25
abordagem nomotética à pesquisa 19-22, 24-25
acesso a textos 60-61, 69-71, 103-104, 136-138, 153-155
análise comparativa 97-115, 123-124
análise de conversação 28-29, 32-33, 68, 70, 135-136
análise de discurso 28-29, 32-33, 68, 70, 135-136
análise de modelo 66-68
anedotismo seletivo 128-129, 132-133
anonimização 23-25, 29-31, 40-41, 129-131, 143-145
anotações 45-46, 50, 57-58, 180-181
antropologia 32-34, 56-57
arquivamento de dados 40-41, 143-145
Atkinson, P. 159-160, 175-176
Atlas.ti 137-138, 172-173
atributos 166-167, 175-176
autoridades dos pesquisadores 56-57
avaliação
    aos participantes da pesquisa 131-132
    de outros pesquisadores 55-58

B

Barker, Ronnie 35-36
Becker, H. S. 54-56
biografias 84-85, 94-96
Brewer, J. D. 119-121
Bryman, A. 128-129
busca de padrões 174-176, 181-182

busca por palavras e expressões 158-162, 175-176
busca textual 157-158, 166-167
    com códigos e atributos 169-171, 175-176
    de metáforas e relatos 164-167
    e confiabilidade 174-176
    vantagens e desvantagens de 174-175
    ver, também, buscas por matriz
buscas booleanas 169-171, 175-176
buscas narrativas 92-93
buscas por matriz 173-174
buscas por proximidade 169-171, 175-176

C

caos narrativo 92-93
casos negativos 123-124, 159-160, 175-176
categorização do conteúdo temático 63-65, 180-181
Charmaz, C. 54-55, 103-104
Charmaz, K. 62-64
citações, relato de 124-126, 132-133
codificação 18-19, 29-30, 50-52, 59-60, 77-78, 123-127, 136-138, 180-182
    com base em conceitos 65-68
    com base em dados 66-68, 70
    computador 146-147, 154-155
    etapas de 72
    linha por linha 74-78, 180-181
    mecanismos da 62-63, 65-67
    verificação cruzada de 126-129, 132-133
codificação axial 72, 111-115
codificação seletiva 72, 111-115

código aberto 66-68, 72, 98-99
códigos, buscas com 169-171, 175-176
Coffey, A. 175-176
comparações caso a caso 105-109, 114-115, 123-124
comparações cronológicas 110-112, 115
comparações cruzadas de casos 109-112
confiabilidade da pesquisa 117-119, 125-129, 174-176
confidencialidade 29-31, 129-133
consentimento informado 22-24, 129-131
construtivismo 22-25, 47-49, 54-55, 118-122, 131-132
construtores de teorias 136-137
cópias de seguranças 143-146, 155-156
Corbin, J. 98-99, 111-115

D

dados da internet 37-39, 41-42
dados primários 47-49
dados qualitativos 181-182
   análise de 15-16, 18-19
   características especiais de 21-24, 56-57, 123-124, 129-133, 157-158, 179-181
   formas de 16-18
Denzin, N. K. 50, 84-85, 119-121
descrição "densa" 18-19, 181-182
Dey, I. 60-61
diários de campo 45-46, 52
diários de pesquisa 45-46, 57-58, 180-181
diários de pesquisa, uso de 45-46
digitador de áudio, uso de 34-36

E

elementos multimídia nos dados 39-40
elementos narrativos 93-95, 105-106
Emerson, R. M. 46-47
entrevistados, menção dos nomes de 29-31, 140-141
entrevistas 23-24, 46-47, 81-83, 93-95, 105-106
entrevistas em profundidade 23-24
erros de transcrição 35-37, 41-42
estilos de escrita 55-57
estruturas analíticas 50, 52
Estruturas hierárquicas 98-100
estruturas narrativas 89-90, 94-96
etnografia 46-49

evidências, apresentação de 124-125, 132-133, 180-181
explicação dedutiva 19-20, 24-25

F

feminismo 119-121
fenomenologia 66-68, 70
Fielding, N. G. 136-138
Finch, J. 131-132
foco de um relatório 53-55, 57-58
formato de texto 139-140
formato MP3 33-35
Frank, A. 90-93

G

generalização da pesquisa 117-119, 128-130, 132-133
Glaser, B. G. 50, 54-55
glossários, uso de 164-167
Guba, E. G. 22-23

H

hierarquias de codificação 97-98, 103-104, 114-115
hiperlinks 39-40, 137-138
"histórias" 47-49
histórias confessionais 48-49
histórias de vida 84-85, 94-96
histórias impressionistas 48-49
HTML 37-40
Huberman, A. M. 108-109

I

idealismo 22-23, 118-119
inclinação definitória 125-127, 132-133
indução 18-20, 24-25
informações posteriores 34-35
intertextualidade 39-40

K

King, N. 66-68
Kvale, S. 28-29

L

Labov, W. 93-95
Lee, R. M. 136-138
Lewis, J. 60-61
Lincoln, Y. S. 22-23, 119-121
lógica *post-hoc* 48-49

M

máquinas de transcrição 33-34
margens nas transcrições 37-39
Mason, J. 129-131
MAXqda 137-138, 155-156, 160-161, 168-169, 172-174
McAdams, D. 84-86
memorandos 50-52, 57-58, 61-63, 180-181
mensagens por correio eletrônico 37-39, 41-42
metadados 39-41
metáforas 81-82, 164-167
método de pesquisa da "comparação constante" 72-75, 77-78, 123-126, 132-133
Miles, M. B. 108-109
Mills, C. W. 81-83
Mishler, E. G. 28-29
Mitchell, R. G. 103-104
modelos 111-113

N

narrativas 79-80, 84-85, 89-90, 94-96
   fontes de 81-83
   funções de 81-85
narrativas de restituição 90-93
National Front 131-132
nomes dos entrevistados 29-31, 140-141
notas de campo 45-46, 50, 57-58
números de linha e espaço entre linhas em transcrições, 37-39
NVivo 137-138, 155-159, 163-164, 168-169, 173-174

O

objetividade 56-57, 118-119
observação participante 46-47
ortografia, consistência de 31-32, 36-37, 140-141

P

páginas na internet 37-40, 41-42
palpites, verificação de 174-176
pesquisa exploratória 174-176
pesquisa nas ciências sociais 56-57
pós-modernismo 119-121
prejuízos aos participantes da pesquisa, minimização de 23-24, 129-130
preparação de dados 27-28, 41-42
programas de computador para reconhecimento de voz 34-36, 41-42
publicações acadêmicas 56-57, 131-132
qualidade da pesquisa qualitativa 117-118, 132-133

Q

Qualidata, 40-41
questões éticas 22-25, 34-35, 129-133

R

realismo 21-22, 24-25, 56-57, 118-119
reconhecimento ótico de caracteres (*optical character recognition*, OCR) 34-35, 41-42
redação do relatório 43-44, 47-49, 52-57, 180-182
reescritura 54-56
reflexividade da pesquisa 56-57, 118-121, 131-132, 180-181
relativismo 131-132
relatório, redação de 52-57
relatos morais 83-84
"relatos realistas" 47-49
relatos, narrativas 81-83, 105-106
   busca de 164-168
retórica 80-82
rich text format (rtf) 139-141, 154-155
Ricoeur, P. 83-84
Ritchie, J. 60-61, 66-68, 109-110

S

SADQ (*software* de análise de dados qualitativos) 16-17, 29-30, 36-37, 41-42, 44-45, 61-62, 70-71, 126-127, 135-136, 155-156, 181-182
   preparação de dados para 139-141
   problemas e riscos de 136-138, 154-155
   recursos dos programas 137-138, 173-174
   uso para buscas e análise 157-158, 175-176
Seale, C. F. 39-40
segurança dos dados 143-146
senhas 143-145
Silverman, D. 120-122
Strauss, A. L. 98-99, 101-101, 111-115

T

tabelas usadas na pesquisa qualitativa 103-104, 115
técnica do lado inverso 73-74
tecnologias digitais 33-35, 135-136
teoria fundamentada 47-50, 53-55, 66-68, 70-72, 74-75, 77-78, 101, 111-115, 137-138
teste de hipóteses 174-175
tipologia de casos 108-110, 114-115
tipos de história 90-93
trabalho de equipe na análise qualitativa 126-129, 132-133
transcrição de Jefferson 32-33
transcrições 17-18, 27-28, 32-33, 61-62, 122-123, 129-131, 179-180
  impressão 36-39
  verificação 125-126

triangulação 120-122, 132-133

U

"unidades hermenêuticas" 140-142, 154-155, 160-161

V

validação pelo entrevistado 122-123, 129-130
validade da pesquisa 117-118, 125-126
Van Maanen, J. 47-49, 56-57
viés em pesquisa 126-127, 180-182
voz autoral 47-49

W

Weaver, A. 159-160